高等职业教育精品工程规划教材

电子电路设计
——基于 Altium Designer 15

主编：彭 琛 王海燕

電子工業出版社
Publishing House of Electronics Industry
北京•BEIJING

内 容 简 介

本书采用项目驱动的编写模式，结合应用实例介绍了9个项目，包括PCB基础知识、简单USB供电接口电路的设计、图纸参数设置、TF卡接口电路设计、三人表决器设计、常见编译问题、TF卡封装设计、TY-58A贴片型插卡音箱PCB板图设计，以及技术文件输出。此外，本书在编排过程中，对于一些操作步骤较多或较复杂的环节，借助类似工艺卡片的形式，将各操作步骤的作用、操作方法及操作图示通过流程表格的形式呈现出来，使读者对各环节的操作步骤和方法一目了然。另外，本书在各项目的【经验分享】中对笔者在长期教学实践中所发现的初学者在学习过程中易遇到的问题进行了归纳和解答。

本书既可以作为电子信息类、机电类、自动化类的电路设计初学者的入门教材，也可以作为相关行业工程技术人员及各院校相关专业师生的学习参考书。

图书在版编目（CIP）数据

电子电路设计：基于Altium Designer 15 / 彭琛，王海燕主编. —北京：电子工业出版社，2019.11

ISBN 978-7-121-38093-8

Ⅰ. ①电… Ⅱ. ①彭… ②王… Ⅲ. ①电子电路－电路设计－高等学校－教材 Ⅳ. ①TN710.02

中国版本图书馆CIP数据核字（2019）第251849号

责任编辑：郭乃明　　特约编辑：田学清
印　　刷：北京七彩京通数码快印有限公司
装　　订：北京七彩京通数码快印有限公司
出版发行：电子工业出版社
　　　　　北京市海淀区万寿路173信箱　　邮编：100036
开　　本：787×1092　1/16　印张：12.25　字数：308.8千字
版　　次：2019年11月第1版
印　　次：2024年8月第7次印刷
定　　价：39.00元

凡所购买电子工业出版社图书有缺损问题，请向购买书店调换。若书店售缺，请与本社发行部联系，联系及邮购电话：（010）88254888，88258888。

质量投诉请发邮件至zlts@phei.com.cn，盗版侵权举报请发邮件至dbqq@phei.com.cn。

本书咨询联系方式：guonm@phei.com.cn，QQ34825072。

前　　言

电子设计自动化（Electronic Design Automation，EDA）指的是将电路设计中的各种工作，如绘制电路原理图（Schematic）、制作印制电路板（PCB）设计文件、执行电路仿真（Simulation）等，在计算机的辅助下完成。随着电子科技的蓬勃发展，新型元器件层出不穷，电路变得越来越复杂，电路的设计工作已经无法单纯依靠手工来完成，采用计算机辅助设计已经成为必然趋势，越来越多的设计人员借助快捷、高效的 EDA 软件来完成电路原理图、PCB 的设计等工作。

Altium Designer 是原 Protel 软件开发商 Altium 公司推出的一体化电子产品开发软件，主要在 Windows 操作系统中运行。该软件把电路原理图设计、电路仿真、PCB 绘制编辑、拓扑逻辑自动布线、信号完整性分析和设计输出等技术近乎完美地融合在一起，为设计人员提供了全新的设计解决方案，使设计人员可以轻松地进行设计。熟练使用这一软件必将使电路设计的质量和效率得到大大提高。

Altium Designer 不仅全面继承了包括 Protel 99SE、Protel DXP 在内的一系列软件的功能和优点，还增加了很多高端功能。该软件拓宽了板级设计的传统界面，全面集成了 FPGA 设计功能和 SOPC 设计功能，从而使工程设计人员能将系统设计中的 FPGA 设计、PCB 设计及嵌入式设计集成在一起。由于 Altium Designer 在继承 Protel 软件功能的基础上综合了 FPGA 设计功能和 SOPC 设计功能，所以其对计算机系统的要求比之前版本的要求高一些。

Altium Designer 15 是 Altium 公司推出的旗舰级 PCB 设计软件，在各个层面都实现了改进：使制造商能够获得精确度更高的文档，使电子产品设计师的设计效率得以提升，使参与设计的每个人都获益良多。Altium Designer 15 不仅增加了新性能并且可以基于客户切实反馈持续工作，还优化了电路设计工作流程，减少了设计人员与制造商之间的交流障碍。

Altium Designer 15 不仅提供了简单易用、原生 3D 设计增强的一体化设计环境，基本包含设计人员需要的工具，如电路原理图设计、电路仿真信号完整分析、PCB 设计等，还可对工作环境加以定制以满足用户的不同需求。

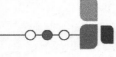

由于 Altium Designer 15 本身具备的功能非常强大，难以通过较少的篇幅一一介绍清楚，且人们在使用时的侧重点各有不同，故本书主要以项目任务驱动的编写模式，结合应用实例介绍了 9 个项目，主要内容如下。

项目 1：主要介绍 PCB 的定义、功能和构成要素。

项目 2 和项目 3：以一种简单的 USB 供电接口电路为例，介绍 Altium Designer 15 的基本操作、PCB 设计的基本流程及如何根据需要来合理设置相关的图纸参数。

项目 4：以某插卡音箱 TF 卡接口电路的原理图设计为例，介绍如何自制电路原理图元件和正确使用网络标签。

项目 5：以三人表决器电路中的 74LS08 元件为例，说明在自制电路原理图元件时，多单元元件绘制与处理方法与常规元件有很大的不同。通过对本项目内容的学习，掌握正确绘制多单元元件的方法和技巧。

项目 6：通过解决 TF 卡接口电路由电路原理图向 PCB 板图更新过程中可能遇到的问题，掌握电路原理图编译时遇到的一些常见问题及其处理办法。

项目 7：在设计 PCB 时，经常有元件无法在封装库中找到对应的封装。通过本项目的学习，掌握如何借助 Altium Designer 封装库中各类工具和向导完成各种元件封装的设计和制作。

项目 8：完成项目 6 中 TY-58A 贴片型插卡音箱电路所需 PCB 封装的自制且完成电路原理图的编译后，还需要完成该电路的 PCB 板图设计。通过完成本项目，掌握 PCB 的轮廓设计方法，主要作图工具的使用方法，主要布局、布线规则，以及如何在系统中设定相关约束条件并进行相应的手工调整。

项目 9：完成 PCB 设计项目之后，需要保存项目资料并进行检查，然后将 PCB 设计交付生产，因此经常需要将相关的技术文件尤其是 PCB 板图打印输出。通过本项目的学习，可以掌握电路原理图和 PCB 板图技术文件的输出方法。

本书在编写过程中，对于一些操作步骤较多或较复杂的环节，借助类似工艺卡片的形式，将各操作步骤的作用、操作方法及操作图例通过流程表格呈现出来，使读者对各操作环节的步骤和方法一目了然。另外，不同于其他教材仅重点介绍软件各命令的操作方法，本书在各项目的【经验分享】中对笔者在长期教学实践中所发现的初学者在学习过程中易遇到的问题进行了归纳和解答。

本书由南京信息职业技术学院的彭琛、苏州工业园区职业技术学院的王海燕、苏州信息职业技术学院的顾菊芬、南京电子学会表面贴装技术专业委员会的魏子陵主任和挪拉通科技（苏州）有限公司的刘克能高级经理共同编写，全书由彭琛统稿。其中项目 1、项目 2、项目 3 及附录 A、附录 B 由王海燕编写，项目 4、项目 5、项目 6 及附录 C、录 D 由彭琛编写，项目 7、项目 8 及附录 E、附录 F 由顾菊芬编写，项目 9 及附录 G 由魏子陵和刘克能编写。此外，魏子陵和刘克能还对书中的操作图示及部分案例的编写提供了指导，并根据企业实际需求提供了不少改进意见。本书在编写过程中，还参阅了许多同行专家的文献资料，在此一并真诚致谢。限于编者水平，不足之处在所难免，敬请批评指正。

编者

2019 年 7 月

目　录

项目 1

你所不知道的我：PCB 基础知识

【项目资料】

20 世纪初，人们为了简化电子产品的制作，减少电子元件间的配线，以及降低制作成本，开始钻研以印刷的方式取代电路配线的方法。在此思路产生后，不断有工程师提出通过在绝缘的基板上加上细长的金属导线来代替原有的电路配线。例如，1925 年，美国的 Charles Ducas 在绝缘的基板上印刷出线路图案，再以电镀的方式成功地在基板上用金属导线代替了传统的电路配线。1936 年，奥地利的保罗·爱斯勒（Paul Eisler）发明了印制电路板（Printed Circuit Board，PCB）并首先在一个收音机装置内应用了 PCB。1943 年，美国人将 PCB 用于军用收音机。1948 年，美国正式将 PCB 用于商业。20 世纪 50 年代中期，PCB 开始被广泛应用。

在 PCB 出现之前，电子元件之间都是依靠电线直接连接而组成完整线路的。而如今，电线多用于实验室，PCB 在电子工业中已占据了优势地位。在进行电子产品的设计或制作之前，必须对 PCB 有一定了解。由于本书主要介绍如何利用 Altium Designer 来设计电路，故本项目仅介绍 PCB 的定义、功能和构成要素。

【任务描述】

本项目的任务是通过观察 PCB，达到以下学习要求。

（1）通过观察，掌握 PCB 的定义和功能。

（2）通过学习，掌握 PCB 构成要素的相关知识。

【任务分析】

可以结合自己身边已有的电子产品或在校实习时制作的电子产品，如插卡音箱、收音机等，观察实现产品功能的电路部分是通过何种方式进行固定和连接的。一般情况下，电子产品的电路部分必有一块以上的 PCB，以满足电子元件的机械固定和电气连接要求。

可以从以下几个方面来观察 PCB：PCB 的形状、大小、构成材质；PCB 上凸垫的形状、分布及其相互之间是如何连接的；PCB 上有哪些形状的孔；PCB 上是否有字符、图框或其他图形标记；PCB 的颜色是否全都一样；PCB 是否全是刚性的。

完成上述观察并做好记录既有助于理解 PCB 的定义和功能，又能很好地了解 PCB 的构成要素。

【任务实施】

通常把在绝缘基材上按预定设计制作而成的印制线路、印制元件或两者组合而成的导电图形称为印制电路；把在绝缘基材上实现电子元件之间电气连接的导电图形称为印制线路。

因此，在绝缘基材上，利用电子印刷技术按预定设计制作而成的印制电路或印制线路的成品板被称为PCB，又称为印制线路板（Printed Wiring Board，PWB）。

根据产品的工作环境、安装空间和电路复杂程度等因素的不同，PCB 的形状、大小、材质、颜色、刚柔特性等均有明显差异，但通过细心观察可以发现这些 PCB 有一些共同之处。

1．观察 PCB

通过观察如图 1.1 所示的 PCB 样板，不难发现 PCB 上有许多相同的结构，如覆铜板、铜箔导线、焊盘、过孔、阻焊膜、丝印符号等，这些都是 PCB 的构成要素。PCB 构成要素的简介及图示如表 1.1 所示。

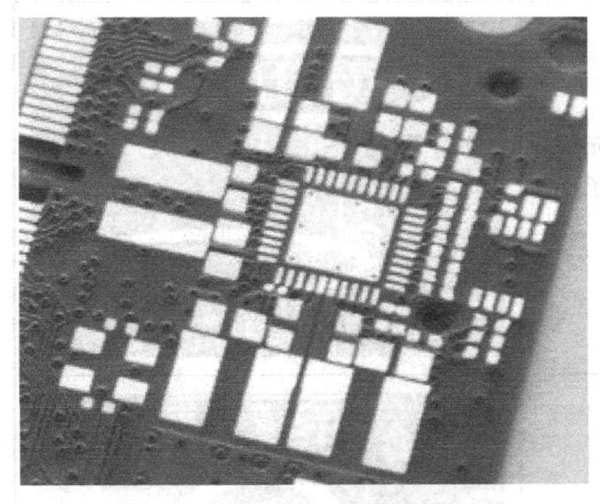
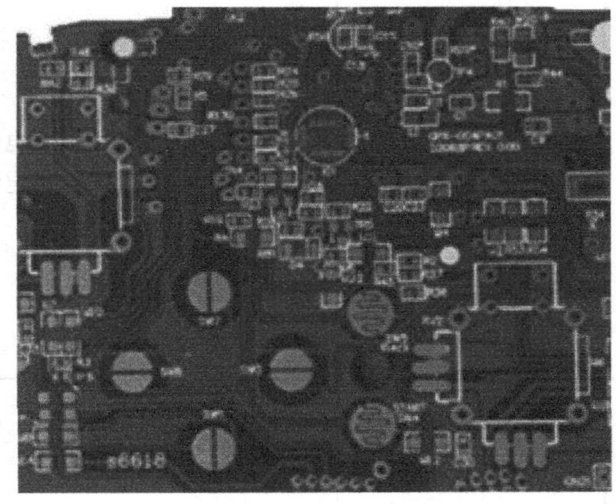
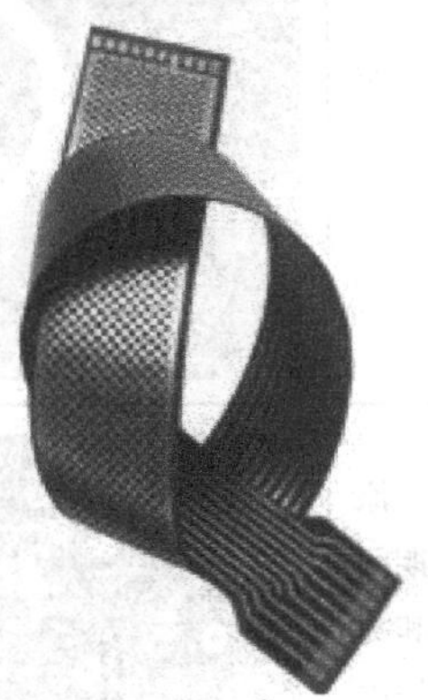

图 1.1　PCB 样板

表 1.1 PCB构成要素的简介及图示

构成要素	简介	图示
覆铜板 （Copper Clad Laminate）	覆铜板是将木浆纸或玻纤布等作为增强材料，浸以树脂，单面或双面覆以铜箔，经热压而成的一种板状材料，是制作 PCB 的基本材料。当它用于多层板生产时，也叫作芯板	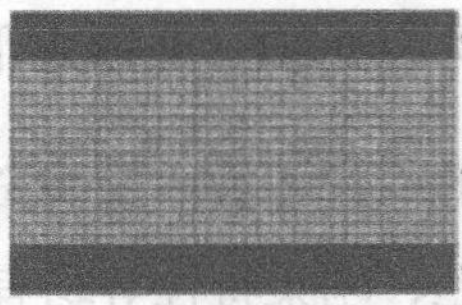 铜箔 胶布（黏结片） 铜箔
铜箔导线 （Conductor Pattern）	铜箔导线是 PCB 上的铜箔经加工制造后留下的网状细小线路，也被称为导线或布线，用来实现 PCB 上电子元件的电气连接	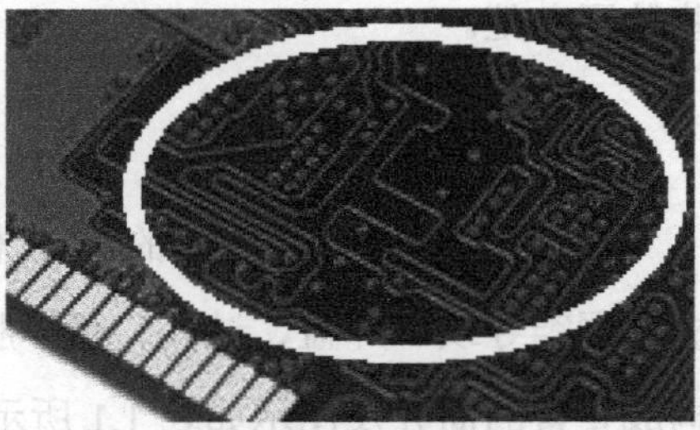
焊盘 （Solder Pad）	焊盘是 PCB 上用于焊接电子元件、实现电气连接，同时起到固定电子元件作用的铜箔凸垫	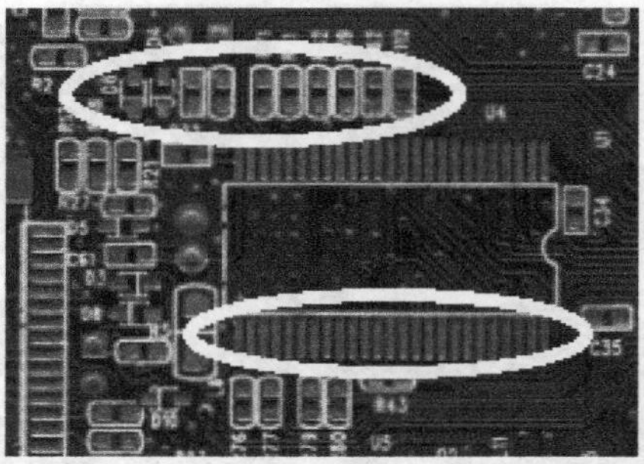
过孔 （Via Hole）	过孔是指 PCB 上用于实现不同工作层间电气连接的小孔	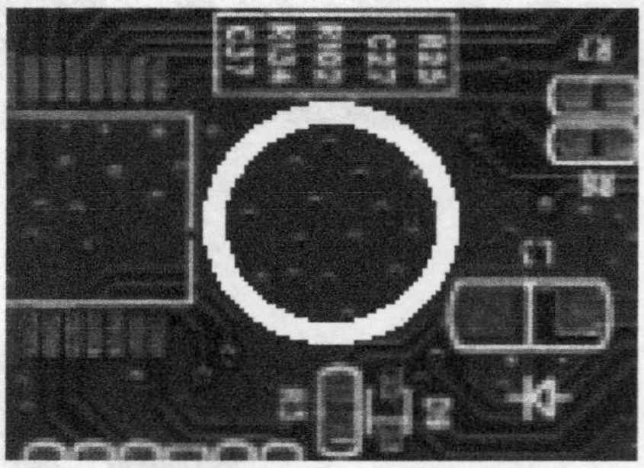
阻焊膜 （Solder Mask）	阻焊膜是一种耐热的涂覆材料，涂覆在选定区域，以防止后续焊接期间焊料沉积于此，可起到防焊、保护和提高绝缘电阻的作用。PCB 上的阻焊膜多为绿色	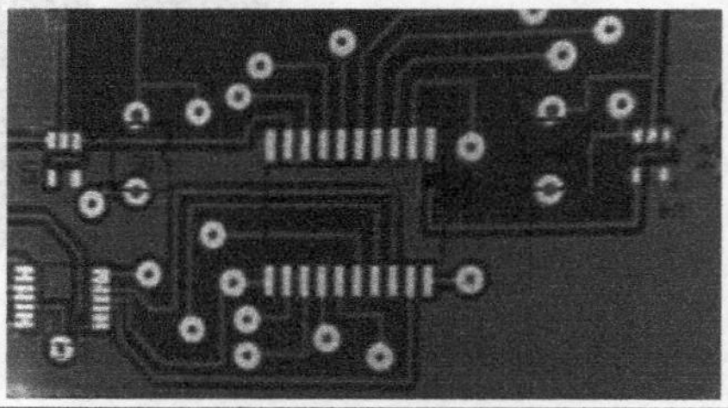

续表

构成要素	作　用	图　例
丝印符号（Silk Screen）	丝印符号是反映 PCB 上电子元件的电气信息和轮廓及尺寸等装配、调试或检修信息的字符或图形。PCB 上的丝印符号多为白色字符或图形	

2．探讨 PCB 的作用

在了解了 PCB 的构成要素之后，不妨仔细想一下这些要素结合在一起能完成哪些功能。

不难发现 PCB 的主要作用有以下几点。

（1）为集成电路等各种电子元件固定装配提供机械支撑。

（2）实现集成电路等各种电子元件之间的布线和电气连接或电绝缘，提供所要求的电气特性，如特性阻抗等。

（3）为自动锡焊提供阻焊图形。

（4）为电子元件的插装、贴装、检查、维修等提供可识别的字符或图形。

3．了解 PCB 的分类

在设计、制造或购买 PCB 时，往往通过具体的 PCB 名称即可确定其某些特定属性，如刚性 PCB、四层板、镀锡板等。那么，这些名称又是如何而来的呢？

1）根据 PCB 导电板层划分

根据导电板层的不同，PCB 一般可以分为单层板、双层板和多层板。单层板也称单面板，即只有一个导电层，这个导电层中包含焊盘及印制导线，单层板样图如图 1.2 所示。单层板虽然成本较低，但由于所有导线集中在一个面上，所以很难满足复杂连接的布线要求，故适用于线路简单及要求成 142

本低的产品，如果存在一些无法布通的网络，通常可以采用导线跨接的方法。

图 1.2　单层板样图

双层板也称双面板，是一种包括顶层（Top Layer）和底层（Bottom Layer）的电路板，两面都有覆铜，都可以布线，双层板样图如图 1.3 所示。通常情况下，电子元件一般处于顶层，顶层和底层的电气连接通过焊盘或过孔实现，无论是焊盘还是过孔都进行了内壁的金属化处理。相对于单层板而言，双层板可以两面布线，这极大地提高了布线的灵活性和布通率，可以满足高度复杂的电气连接要求，目前双层板的应用最为广泛。

图 1.3　双层板样图

多层板是在顶层和底层之间加上若干中间层（Mid Layer），中间层包含电源层或信号层，各层间通过焊盘或过孔实现互连，多层板样图和多层板示意图分别如图 1.4 和图 1.5 所示。多层板适用于制作复杂的或有特殊要求的电路板。多层板包括顶层、底层、中间层及电源/接地层（Internal Plane）等，层与层之间是绝缘层，绝缘层用于隔离电源层和布线层，其材料要求有良好的绝缘性、挠性及耐热性等性能。

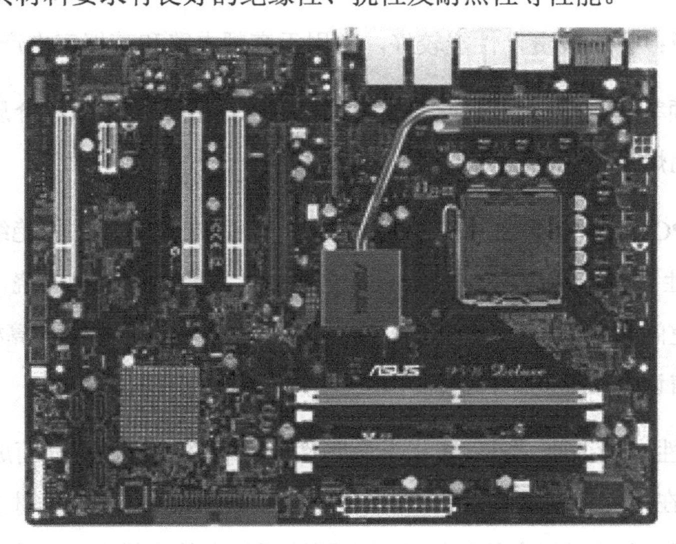

图 1.4　多层板样图

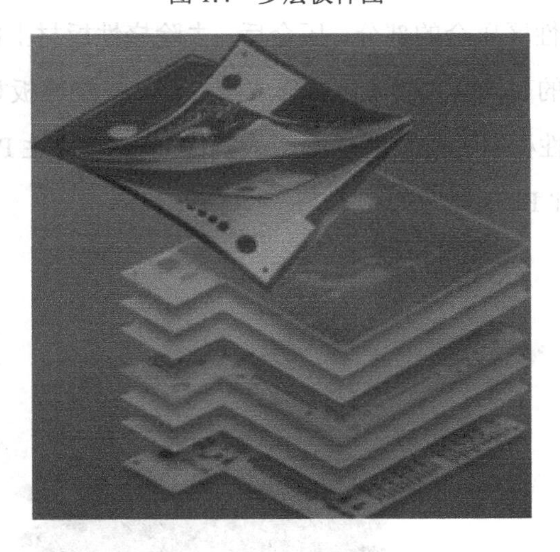

图 1.5　多层板示意图

2）根据 PCB 所用基板材料划分

（1）刚性 PCB。刚性 PCB 是指以刚性绝缘材料为基板材料的 PCB，常用的 PCB 一般是刚性 PCB，如计算机中的板卡、家电中的 PCB 等，如图 1.2 和图 1.3 所示。常用的刚性 PCB 有以下几类。

纸基板：价格低廉，性能较差，一般用于低频电路和要求不高的产品。

玻璃布板：价格较贵，性能较好，常用于高频电路和高档家电产品。

合成纤维板：价格较贵，性能较好，常用于高频电路和高档家电产品。

当电路的频率达到数百兆赫时，PCB 的基板必须用介电常数和介质损耗更小的材料（如聚四氟乙烯和高频陶瓷）制作。

（2）挠性 PCB（也称柔性 PCB、软 PCB）。挠性 PCB 是以软性绝缘材料为基板材料的 PCB，挠性 PCB 样图如图 1.6 所示。它能进行折叠、弯曲和卷绕，因此可以节约 60%～90%的空间，为电子产品小型化、薄型化创造了条件。它在计算机、打印机、自动化仪表及通信设备中得到了广泛应用。

（3）刚-挠性 PCB。刚-挠性 PCB 是由刚性板材和挠性板材压合而成的 PCB。其制作方法一般为：在挠性板材上设置挠性区、刚性区及废料区，在刚性板材上设置盲槽区、刚性区及废料区，挠性板材上的挠性区对应刚性板材上的盲槽区，挠性板材上的刚性区为与刚性板材上的刚性区压合的部分。压合后，去除挠性板材上的废料区，形成挠性基板；去除刚性板材上的盲槽区、废料区，形成刚性基板。挠性板材的刚性区与刚性基板层叠形成刚性部，挠性板材的挠性区层叠形成挠性部。刚-挠性 PCB 主要用于印制电路的接口部分，刚-挠性 PCB 样图如图 1.7 所示。

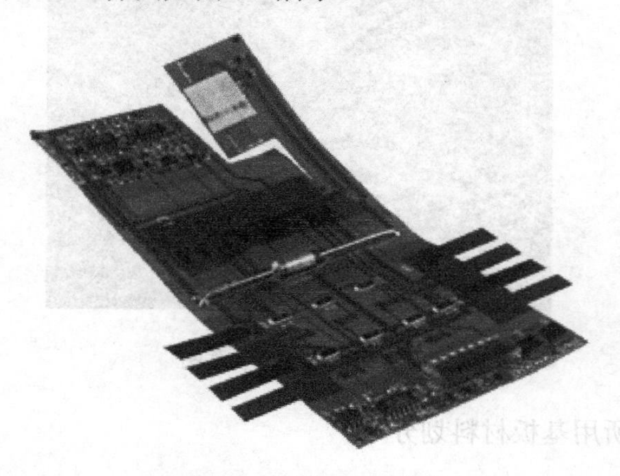

图 1.6　挠性 PCB 样图

图 1.7　刚-挠性 PCB 样图

3）根据 PCB 表面处理工艺划分

由于电气连接主要是通过 PCB 上的焊盘、铜箔导线和过孔来实现的，而铜在一般环境中很容易氧化，导致无法上锡（焊锡性不良），因此，不少 PCB 厂家会对 PCB 进行表面处理，对需要上锡的铜面进行保护，保护方式有喷锡、化金、镀金、化银、化锡、使用有机保焊剂（OSP）等。

根据表面处理工艺不同，PCB 可分为喷锡板、化金板、镀金板、化银板、化锡板、OSP 板等。其中，镀金板的成本是所有板材中最高的，但其性能是现有板材中最稳定的，也是最适合采用无铅工艺生产的板材，尤其适用于一些高单价或者需要高可靠性的电子产品。化金板也叫沉金板，其最大的问题便是会产生“黑垫”（Black Pad），因此许多大厂家不愿意使用化金板。OSP 板虽然生产成本低、操作简便，但若要生产此板，装配厂必须改进设备及工艺条件，且此板重工性较差，因此 OSP 板应用并不广泛。同时，OSP 板在经过高温加热之后，涂覆于焊盘上的阻焊膜会受到破坏，导致可焊性降低，当基板经过二次回焊后，可焊性降低的情况更加严重。金属银本身具有很强的迁移性，会导致漏电的情形发生，所以如今化银板的“浸镀银”并非以往单纯的金属银，而是跟有机物共镀的“有机银”，能够满足未来无铅工艺的需求，其可焊性的寿命也比 OSP 板更长。化锡板易污染、易被刮伤，加上工艺中有助焊剂氧化变色情况发生，因此国内大多数厂商一般不使用化锡工艺。喷锡板具有成本低、焊锡性好、可靠度佳、兼容性强等优点，可分为有铅的喷锡板和无铅的喷锡板，其中有铅的喷锡板的生产不能采用无铅工艺。

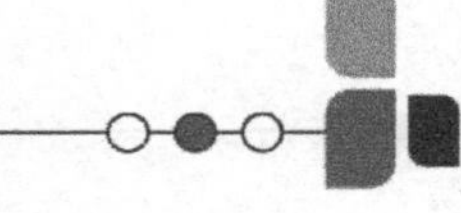

【经验分享】

Q1：PCB 上的孔洞是否均是过孔？

A1：不一定。一般来说，PCB 上的孔洞分为有金属镀层的孔洞和没有金属镀层的孔洞。一般没有金属镀层的孔洞开孔尺寸较大，用于安装、固定，不起电气连接的作用。而有金属镀层的孔洞又细分为过孔和插件焊盘。过孔孔壁虽然有金属镀层，但由于开孔尺寸较小，所以无法插入元件引脚，仅起电气连接的作用而不能用于元件的安装、固定。

Q2：PCB 上的焊盘形状是否只有圆形和矩形的？

A2：最为常见的 PCB 上的焊盘形状是圆形（或环形）和矩形的，但也有一些根据其他需要设计的特殊形状，如某些插件，其特殊形状的引脚就不是简单的圆形或矩形。

Q3：PCB 的颜色为什么以绿色为主？

A3：目前绿色的 PCB 是应用最广泛、使用时间最长、市场上最便宜的 PCB，所以大量的厂家将绿色作为自己产品的主要颜色。通常情况下，整个 PCB 产品在制作过程中要经过 PCB 制板、SMT 等过程。其中，进行 PCB 制板时有几道工序是必须要经过黄光室的，绿色在黄光室的效果比其他颜色要好一些。在 SMT 工艺过程中进行元件焊接时，PCB 要经过印刷锡膏、贴片及自动光学检测（AOI）等过程，这些过程都需要光学定位校准，仪器对绿色的 PCB 底色的识别效果好一些。另外，由于检验设备的局限性，很多线条的质量检验必须依赖工人肉眼观察与识别。在强光下进行人工检查时，人的眼睛要一直盯着 PCB，非常容易疲劳，相对其他颜色而言，绿色最不伤眼睛。同时，蓝色和黑色的 PCB 中分别掺了钴和碳等元素，具有一定的导电性能，在通电时很可能出现短路的问题。此外，绿色的 PCB 相对而言比较环保，在高温环境中使用时，一般不会释放出有毒气体。

Q4：PCB 的厚度和板上铜箔的厚度是固定的吗？

A4：常见的 PCB 的厚度有 0.4mm、0.6mm、0.8mm、1.0mm、1.2mm、1.6mm 和

2.0mm，常见的铜箔的厚度有 18μm、35μm、55μm 和 70μm。一般 PCB 的厚度和铜箔的厚度需要根据客户需求来选择。

【项目进阶】

在本项目中，虽然已对 PCB 的构成要素进行了简要介绍，但还需要学习者对照实物进行掌握。为检验实际掌握情况，不妨将教师准备的 PCB 样板拿在手中，一一指出 PCB 的构成要素及其作用。

另外，如果学习者已经掌握了一些电子组装方面的知识，不妨多观察一些 PCB 的实物或样图，看看这些 PCB 上都具有哪些类型的元件，各元件分布的位置有什么特点。在此基础上，想一想组装了这些元件的 PCB 适宜用哪种组装工艺进行生产。

项目 2

走近我，很容易：简单 USB 供电接口电路的设计

【项目资料】

不论何种电子产品均需要一个提供能量的电源电路。电源电路的种类有许多，本项目以如图 2.1 所示的一种简单 USB 供电接口电路为例，帮助大家一起学习 Altium Designer 15 的基本操作及 PCB 设计的基本流程（Altium Designer 15 安装步骤参见附录 B）。

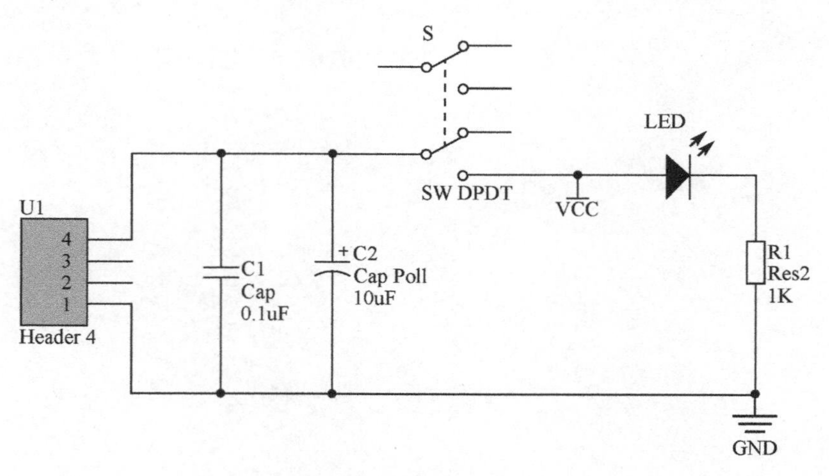

图 2.1　简单 USB 供电接口电路

USB接口电压为5V，与单片机供电系统匹配，满足单片机开发板上绝大多数元件的供电要求。

【任务描述】

本项目的任务是通过完成如图2.1所示的简单USB供电接口电路的电路原理图绘制和电路图设计，掌握PCB电路设计的基本流程，基本要求如下。

（1）掌握常用PCB设计文件的创建、编辑和保存方法。

（2）初步掌握简单USB供电接口电路的电路原理图绘制方法。

（3）初步掌握简单USB供电接口电路的电路原理图设计方法。

（4）掌握PCB电路设计的基本流程。

【任务分析】

本项目的任务是，首先要完成如图2.1所示的简单USB供电接口电路的电路原理图绘制和电路图设计（相关软件的开发环境要求及安装步骤参见附录A和附录B）。按照设计要求，完成本任务需要解决以下几个问题。

（1）能正确创建并保存PrjPcb文件。

（2）能正确创建并保存SchDoc文件。

（3）能从元件库中正确调用电路原理图中的元件。

（4）能正确绘制电路原理图。

（5）能正确输出各类报表。

（6）能正确创建并保存 PcbDoc 文件。

（7）能将电路原理图更新至 PCB 板图。

（8）能根据元件封装要求更改元件封装。

（9）能根据设计要求对 PCB 板图中的元件进行布局并进行自动布线。

（10）能根据需要对图纸进行 2D 和 3D 察看。

一般情况下，PCB 基本设计流程如图 2.2 所示。

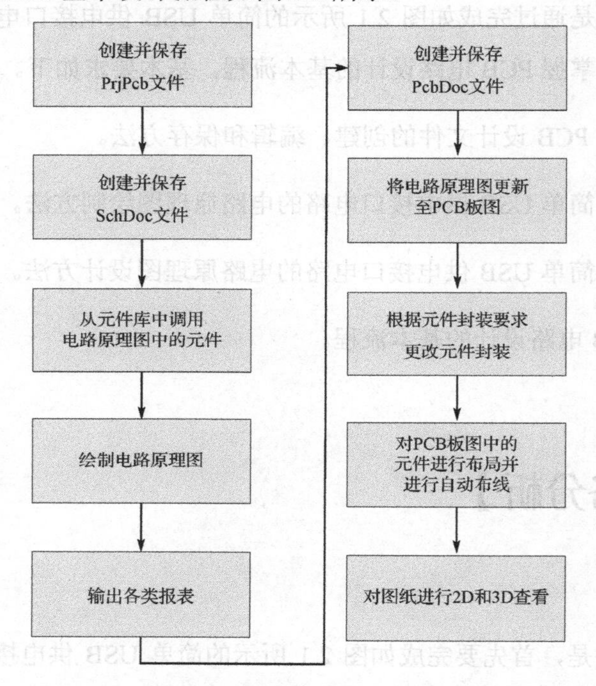

图 2.2　PCB 基本设计流程

本项目以 Altium Designer 15 为学习载体，由于 Altium Designer 15 本身包含的功能、命令的数量非常庞大，无法用很短的篇幅讲解清楚，故本节仅介绍完成本项目需要使用的功能、命令。

此外，由于 Altium Designer 15 的操作界面为 Windows 风格的操作界面，许多工具的操作和用法与其他具有 Windows 风格操作界面的应用软件中工具的操作和用法相似，故本书不会对所有工作界面及使用工具一一进行介绍，仅针对 Altium Designer 15 特有的或较难掌握的绘图工具及命令进行详细介绍。

在 Altium Designer 15 中，通过项目管理的方式进行整体设计，支持电路原理图设计系统和 PCB 设计系统之间的双向同步设计。同时，引入“项目”这一工程概念也使得设计人员对于各类设计文件的管理变得更加便捷和高效。

一般情况下，设计人员可以将自己的设计项目分类组织到一个项目组文档中。一个项目组文档可以管理多个项目文档，既可以是 PCB 项目文档，也可以是 FPGA 项目文档或其他文档。

要实现上述管理方式，PCB 各设计文件一般按如下顺序进行创建：PrjPcb 文件→SchDoc 文件→PcbDoc 文件。对于一些复杂电路，当某些电气符号或封装无法直接从系统库中调用时，可以进行自制，具体方法会在后面的项目中进行介绍。

图 2.1 中的元件可从系统默认安装的常用元件库中找到，虽然元件名称可能与图 2.1 中的元件名称略有出入，但只需进行元件属性的常规修改即可，故对于相关内容，初学者只需多加练习即可掌握。元件的旋转操作主要有左右对称翻转、上下对称翻转和 90° 旋转，其操作命令在电路原理图设计和 PCB 电路设计中一致。PCB 电路设计中的连线方式与电路原理图设计中的连线方式相似，但选择参数要稍多一些，可在后续设计中多加体会。

电路原理图向 PCB 板图更新是 PCB 电路设计的关键步骤，需要认真掌握。在完成电路设计之后，Altium Designer 15 分别提供了 2D 和 3D 的图纸查看方式，以便设计人员进行检查。

【任务实施】

在 Windows 环境中，依次单击“开始”→“程序”→“Altium”→“Altium Designer”，或双击桌面上的快捷方式启动软件，然后根据如图 2.2 所示的流程进行操作，详细操作步骤如下。

1．创建并保存 PrjPcb 文件

通过 Altium Designer 进行 PCB 电路设计必须先创建并保存好一个 PrjPcb 文件。

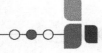

PrjPcb 文件的创建与保存步骤如表 2.1 所示。

表 2.1　PrjPcb文件的创建与保存步骤

步　骤		操作说明	操作示例
1 创建文件		依次单击“File”→“New”→“Project”，创建系统默认名为“PCB_Project1. PrjPcb”的 PrjPcb 文件	
2 保存文件	方法 1	依次单击“File”→“Save Project”	
	方法 2	选中创建好的名为“PCB_Project1. PrjPcb”的 PrjPcb 文件，右击，在弹出的快捷菜单中选择“Save Project”命令	
3 文件命名		在弹出的“保存”对话框内选择文件的保存路径后，在“文件名”文本框中输入所需的文件名即可	
4 文件重命名	方法 1	选中需要重命名的 PrjPcb 文件，右击，在弹出的快捷菜单中选择“Save Project As”命令，在弹出的“保存”对话框内选择文件的保存路径后，在“文件名”文本框中输入需要重命名的文件名即可	
	方法 2	将软件关闭后，找到需要重命名的文件，选中该文件并右击，在弹出的快捷菜单中选择“重命名”命令，在文本框中输入新文件名即可	

2. 创建并保存 SchDoc 文件

根据如图 2.2 所示的流程创建并保存 PrjPcb 文件后，需要再创建并保存一个 SchDoc 文件。SchDoc 文件的创建与保存步骤如表 2.2 所示。

表 2.2　SchDoc文件的创建与保存步骤

步　骤		操 作 说 明	操 作 示 例
1 创建文件		依次单击“File”→“New”→“Schematic”，创建系统默认名为“Sheet1. SchDoc”的 SchDoc 文件	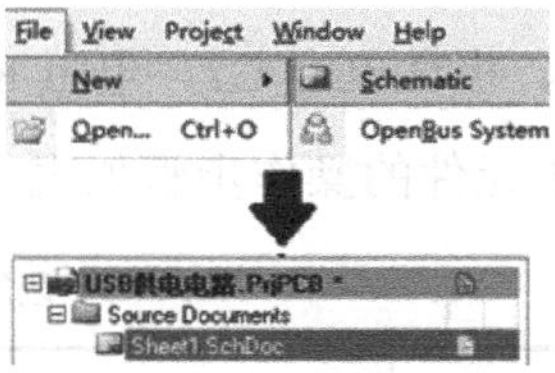
2 保存文件	方法 1	依次单击“File”→“Save”	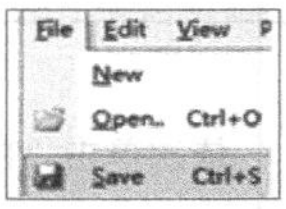
	方法 2	选中创建好的名为“Sheet1.SchDoc”的 SchDoc 文件，右击，在弹出的快捷菜单中选择“Save”命令	
3 文件命名		在弹出的“保存”对话框内选择文件的保存路径后，在“文件名”文本框中输入所需的文件名即可	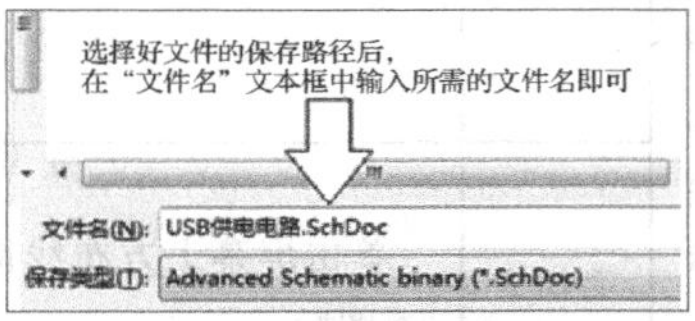
4 文件重命名	方法 1	选中需要重命名的 PrjPcb 文件，右击，在弹出的快捷菜单中选择“Save As”命令，在弹出的“保存”对话框内选择文件的保存路径后，在“文件名”文本框中输入需要重命名的文件名即可	 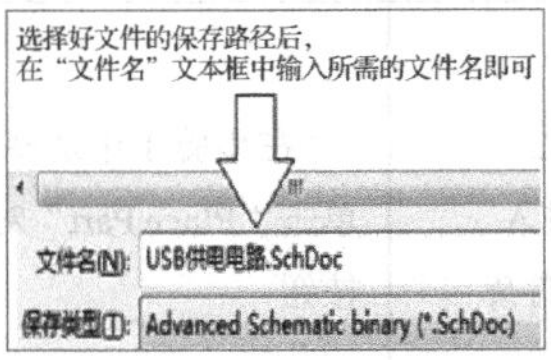
	方法 2	将软件关闭后，找到需要重命名的文件，选中该文件并右击，在弹出的快捷菜单中选择“重命名”命令，在文本框中输入新文件名即可	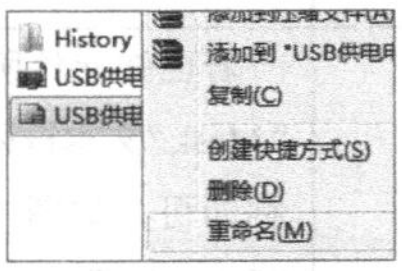 

3．从元件库中调用电路原理图中的元件

图 2.1 中共有 8 个元件，分别是双刀双掷开关 S、电源 VCC、发光二极管 LED、电容 C1、极性电容 C2、电阻 R1、USB 供电接口插件 U1 及接地部分 GND。调用电路原理图中元件的操作步骤如表 2.3 所示。

表 2.3　调用电路原理图中元件的操作步骤

步　骤		操 作 说 明	操 作 示 例
1 打开元件库	方法 1	依次单击“Place”→“Part”	Place　Design Bus Entry Part...
	方法 2	单击屏幕右侧的“Libraries”　标签	Clipboard Libraries
	方法 3	单击屏幕上方布线快捷工具栏中的图标	VCC Place Part
	方法 4	依次单击“Design”→“Browse Library”	Design　Tools　Simul Update PCB Docu Browse Library...
2 进入元件库		（在步骤 1 中选择方法 1 或方法 3 后）单击“Place Part”对话框中的“Choose”按钮	Place Part Part Details Physical Component　Header 4　History...　Choose Logical Symbol　Header 4
3 查找元件	方法 1	若已知元件所在库的名称，则直接在“Mask”文本框内输入元件所属类型的名称即可，如图 2.1 中的电阻 R1，先在“Libraries”下拉列表内选择系统默认安装的“Miscellaneous Devices.IntLib”元件库，然后在“Mask”文本框内输入元件所属类型的名称“Res2”，即可找到元件。 当查找的元件出现后，在对话框右侧	Libraries　Miscellaneous Devices.IntLib Miscellaneous Devices.IntLib Mask　Miscellaneous Connectors.IntLib ↓ Libraries　Miscellaneous D Mask　Res2 ↓

续表

步　骤		操 作 说 明	操 作 示 例
3 查 找 元 件	方法 1	会出现该元件在电路原理图中显示的代表符号和在 PCB 板图中对应的封装外形	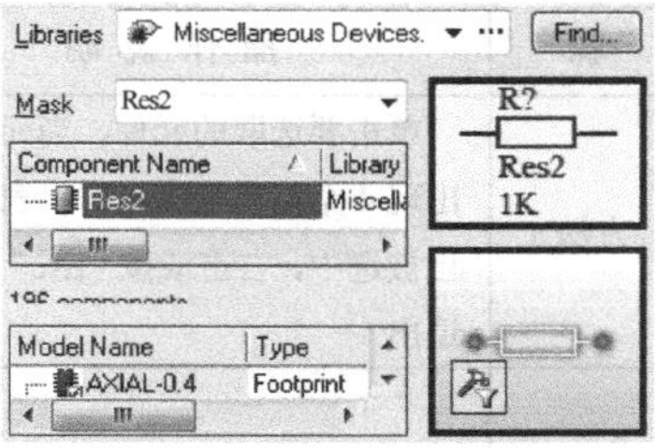
	方法 2	若不知元件所在库的名称，可单击“Find”按钮。在弹出的“Libraries Search”对话框的“Operator”下拉列表中选择“contains”选项，再在“Value”下拉列表框中输入元件名称，如本项目中普通电容在电路原理图中的名称为“Cap”。输入元件名称后，单击“Path”后的图标，确定库文件所在路径（系统会显示默认路径，如果不需要更改库文件路径，可以跳过此步）。最后单击“Libraries on path”单选按钮并单击“Search”按钮进行搜索	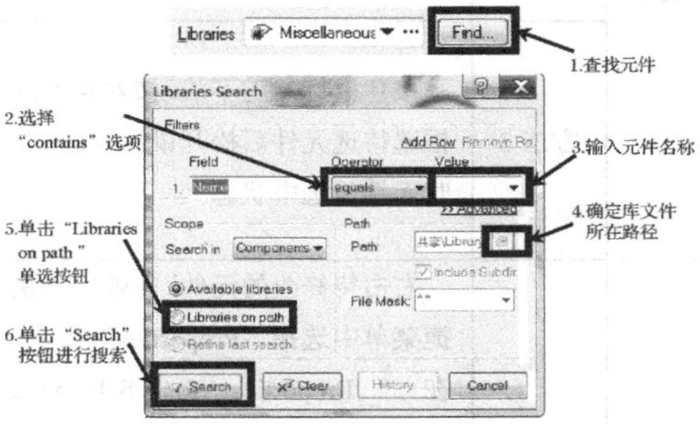 1.查找元件 2.选择“contains”选项 3.输入元件名称 4.确定库文件所在路径 5.单击“Libraries on path”单选按钮 6.单击“Search”按钮进行搜索
4 放置 元件		选择符合要求的元件，依次单击相关对话框中的“OK”按钮。单击绘图界面中的适宜位置，将元件放置到图纸中。若元件放置结束且需要再次查找调用其他元件，则按“Esc”键，再次弹出“Place Part”对话框，按照前述步骤，完成剩余元件的调用。当不需要再次查找调用元件时，连续按两次“Esc”键或右击退出即可	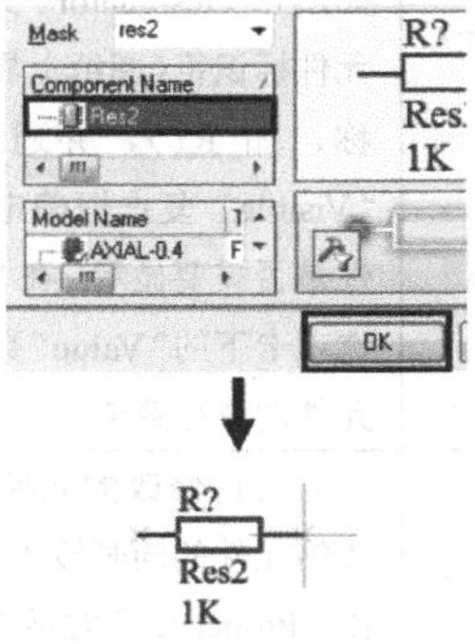

4．绘制电路原理图

从元件库中调用的元件上所显示的信息不一定能完全满足设计人员的设计需要，如元件在电路原理图中的名称、元件值、朝向、位置等。一般与元件自身特性相关的内容可以通过修改元件属性进行修改，元件朝向则多是通过对元件进行旋转和拖动来进行修改的。将元件放到图纸中的适宜位置且修改好元件朝向及相关属性后，还需要进行各元件间的电气连线，使整个电路能实现相应的电路功能。元件属性修改及电路原理图布局与连线的操作步骤如表 2.4 所示。

表 2.4　元件属性修改及电路原理图布局与连线的操作步骤

步　骤		操 作 说 明	操 作 示 例
1 元件 选取	方法 1	单击要选取的元件，当元件四周出现 4 个绿色控制点时，表示元件已被选中，右击或按“Esc”键即可退出	R? Res2 1K
	方法 2	按住“Shift”键不放，单击需要选取的多个元件即可实现连选	R? Res2 1K C? Cap 100pF
	方法 3	按住鼠标左键不放，按对角方式框选待选元件后松开鼠标左键，此时元件呈选中状态	R? Res2 1K
2 修改 元件 属性	方法 1	右击待修改的元件，在弹出的快捷菜单中选择“Properties”命令，在“Properties for Schematic Component in Sheet”对话框中，按需要对元件的属性进行修改。例如，在“Designator”文本框内修改元件标识符(图纸上显示的元件名称，如 R1)，并通过是否勾选“Visible”复选框确定元件相关属性是否需要显示。在“Parameters”选项卡下的“Value”数值框内修改元件的特征数值	修改元件标识符 确定标识符显示与否 修改元件的特征数值 确定特征值显示与否
	方法 2	双击待修改的元件或单击待修改的元件的同时按“Tab”键，弹出“Properties”对话框，然后按方法 1 进行操作	属性修改方法同方法 1
	方法 3	单击待修改的元件，待元件四周出现 8 个白色控制点时，直接单击需要修改的属性，输入修改值即可	直接单击需要修改的属性，输入修改值即可 C? Cap Poll 100pF
3 元件 旋转		单击要旋转的元件，按“Space”键，元件逆时针旋转 90°；单击要旋转的元件，按“Shift+Space”组合键，元件顺时针旋转 90°；将鼠标指针放在要翻转的元件上，按住	(示例见下页)

续表

步　骤	操 作 说 明	操 作 示 例
3 元件 旋转	鼠标左键不放并按“X”键，元件左右翻转；将鼠标指针放在要翻转的元件上，按住鼠标左键不放并按“Y”键，元件上下翻转（注意：所有操作命令必须在英文输入状态下才有效）	C? Cap Poll 100pF → 单击元件 按“Space”键 → C? Cap Poll 100pF → 单击元件 按“Shift+Space”组合键 → C? Cap Poll 100pF → 按住鼠标左键不放 按“X”键 → C? Cap Poll 100pF → 按住鼠标左键不放 按“Y”键 → C? Cap Poll 100pF
4 电气 连线	依次单击“Place”→“Wire”或者单击“Schematic Standard”工具栏中的图标，光标变为“×”形，表示系统处在连接导线状态。单击需要进行电气连接的元件的接线端，此时接线端和连线转折处均有红色“×”形提示光标（注意：按“Space”键可在相邻的两种连接线型间进行切换，按“Shift+Space”组合键可在各连接线型间进行切换）	S SW DPDT U1 4 3 2 1 Header4 C1 Cap 0.1uF C1 Cap Poll 10uF

5．输出各类报表

绘制好电路原理图后，还需要输出各类报表以满足后续不同的设计和生产需要。本项目主要介绍设计过程中常用的网络表和物料清单的输出。

网络表是含有电路原理图或 PCB 板图中元件之间连接关系信息的文本文件，它是电路原理图元件库编辑器和 PCB 编辑器之间的信息接口。网络表主要有两个作用：一是支持软件的自动布线，即电路模拟程序；二是可以与最后从 PCB 板图中得到的网络表文件比较，进行差错核对，网络表输出的步骤如表 2.5 所示。

表 2.5　网络表输出的步骤

步　骤	操 作 说 明	操 作 示 例
1 网络表 输出	依次单击“Design”→“Netlist For Project”，→“Protel”即可生成当前项目的网络表	Design Tools Simulator Reports Window Update PCB Document Netlist For Project ▸ Protel Netlist For Document ▸ Racal
2 元件声明	每个元件的声明部分都是以“[”开始，以“]”结束的。第二行就是元件标注的声明，显示的是元件属性中的 Designator；第三行是元件的	（示例见下页）

续表

步　骤	操 作 说 明	操 作 示 例
2 元件声明	封装形式(用户在进行 PCB 设计时需要加载网络表，其中元件封装信息就是从这一行得来的。如果用户在电路原理图中没有定义元件封装形式，则此行为空)；第四行是元件标注，取自电路原理图中元件属性框中的“Comment”栏。元件标注下面有三行保留的空行	[C1 RAD-0.3 Cap]
3 元件网络	每个元件的网络定义都是以“(”开始，以“)”结束的。第二行是一个网络节点的名称，这部分直接取自用户在电路原理图中的定义；第三行及以后的行代表当前网络连接的引脚，一直到全部列出为止	(VCC S-1 S-6)

当一个项目设计完成后，紧接着就要进行元件的采购。对于比较大的设计项目，由于元件种类很多，数目庞大，同种元件封装形式可能有所不同，单靠人工很难将设计项目所用到的元件信息统计准确，所以必须利用系统，自动生成物料清单进行统计。物料清单输出的步骤如表 2.6 所示。

表 2.6　物料清单输出的步骤

<table>
<tr><th>步　骤</th><th>操 作 说 明</th><th>操 作 示 例</th></tr>
<tr><td>1
调用物料清单命令</td><td>依次单击“Reports”→“Bill of Materials”</td><td>Reports Window Help
Bill of Materials</td></tr>
<tr><td>2
更改输出路径</td><td>单击对话框左下角的“Export”按钮</td><td>Open Exported
Menu Export...</td></tr>
<tr><td>3
确定输出路径并命名文件</td><td>选择保存路径并在“文件名”文本框中输入文件名</td><td>文件名(N): USB供电电路.xls
保存类型(T): Microsoft Excel Worksheet (*.xls)
隐藏文件夹 保存(S) 取消</td></tr>
<tr><td>4
物料清单示例</td><td>在保存路径下打开 xls 文件，即可看到系统自动生成的物料清单。右表为图 2.1 对应的物料清单</td><td>
<table>
<tr><th>Comment</th><th>Description</th><th>Designator</th><th>Footprint</th><th>LibRef</th><th>Quantity</th></tr>
<tr><td>Cap</td><td>Capacitor</td><td>C1</td><td>RAD-0.3</td><td>Cap</td><td>1</td></tr>
<tr><td>Cap Pol1</td><td>Polarized Capacitor (Radi</td><td>C2</td><td>RB7.6-15</td><td>Cap Pol1</td><td>1</td></tr>
<tr><td>Res2</td><td>Resistor</td><td>R1</td><td>AXIAL-0.4</td><td>Res2</td><td>1</td></tr>
<tr><td>LED0</td><td>Typical INFRARED GaAs</td><td>LED</td><td>LED-0</td><td>LED0</td><td>1</td></tr>
<tr><td>SW DPDT</td><td>Switch</td><td>S</td><td>SO-G6/P.95</td><td>SW DPDT</td><td>1</td></tr>
<tr><td>Header 4</td><td>Header, 4-Pin</td><td>U1</td><td>HDR1X4</td><td>Header 4</td><td>1</td></tr>
</table>
</td></tr>
</table>

6. 创建并保存 PcbDoc 文件

利用模板创建 PcbDoc 文件的步骤较复杂，具体步骤将在项目 3 中介绍，本项目仅介绍如何直接创建新的 PcbDoc 文件。PcbDoc 文件的创建与保存步骤如表 2.7 所示。

表 2.7　PcbDoc文件的创建与保存步骤

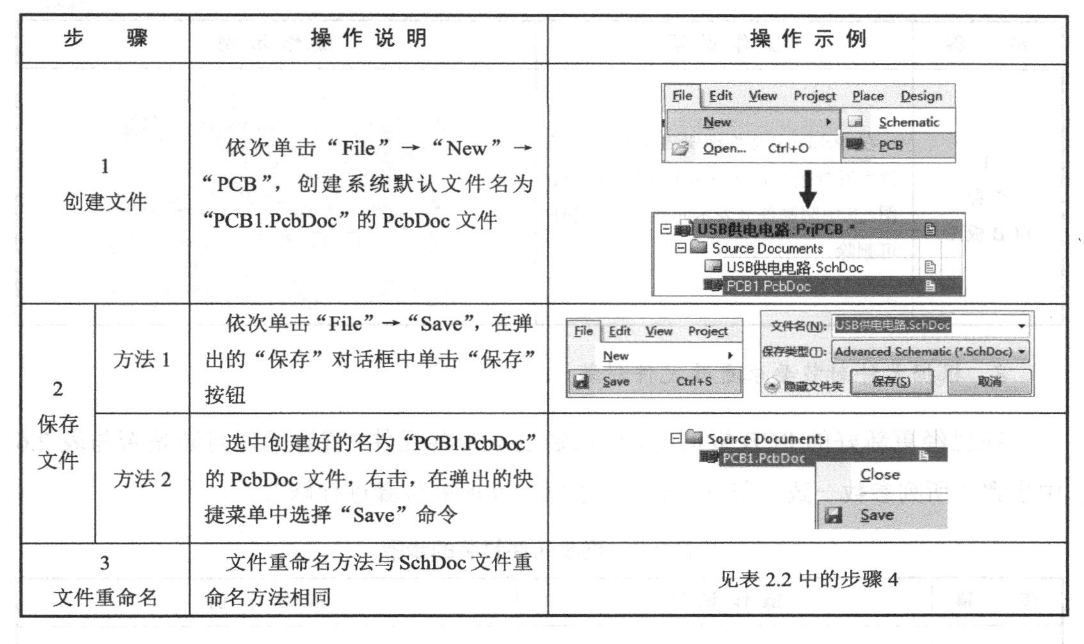

步　骤		操 作 说 明	操 作 示 例
1 创建文件		依次单击“File”→“New”→“PCB”，创建系统默认文件名为“PCB1.PcbDoc”的 PcbDoc 文件	
2 保存文件	方法 1	依次单击“File”→“Save”，在弹出的“保存”对话框中单击“保存”按钮	
	方法 2	选中创建好的名为“PCB1.PcbDoc”的 PcbDoc 文件，右击，在弹出的快捷菜单中选择“Save”命令	
3 文件重命名		文件重命名方法与 SchDoc 文件重命名方法相同	见表 2.2 中的步骤 4

7．将电路原理图更新至 PCB 板图

绘制好电路原理图后，可以利用网络表中已经建立的电路原理图与 PCB 元件封装之间连接关系的信息实现电路原理图与 PCB 板图间的更新，其操作步骤如表 2.8 所示。

表 2.8　将电路原理图更新至PCB板图的操作步骤

步　骤	操 作 说 明	操 作 示 例
1 调用更新命令	依次单击“Design”→“Update PCB Document USB 供电电路.PcbDoc”	
2 设计更新	单击“Validate Changes”按钮，确保每一项的状态均显示为✔	
3 更新生效	单击“Execute Changes”按钮，确保每一项的状态均显示两个✔。最后单击“Close”按钮	

续表

步　骤	操 作 说 明	操 作 示 例
4 查看 PCB 板图	在 PcbDoc 文件编辑界面的右下部位可看到刚刚转换过来的原始 PCB 板图，其中阴影部分表示元件盒，布局时可删除	

8. 根据元件封装要求更改元件封装

在已经更新好的 PCB 板图中，可以通过双击各元件，查看元件封装是否与表 2.6 中步骤 4 所列参数一致，若不一致，可按表 2.9 所列步骤进行修改。

表 2.9　更改元件封装的步骤

步　骤	操 作 说 明	操 作 示 例
1 移动原始 PCB 板图	在元件盒处单击，待光标变成灰色十字后，按住鼠标左键不放，将元件盒内所有元件拖入 PCB 板图的绘图区域。再次在元件盒处单击，按“Delete”键删除元件盒，以免后续元件布局时，系统发生误判	
2 查看元件 封装	双击元件后，在弹出的“Properties”对话框中核对“Footprint”选区内 “Name”一栏中的内容是否与表 2.6 中步骤 4 给出的图 2.1 对应的物料清单中的元件参考封装一致	
3 更改元件 封装	若元件“Name”一栏中的内容与表 2.6 中步骤 4 给出的图 2.1 对应的物料清单中的元件参考封装不一致，则单击该栏后的“...”按钮，在弹出的元件封装库中按照表 2.3 中的操作步骤查找元件并确认	

9. 对 PCB 板图中的元件进行布局并进行自动布线

对 PCB 板图中的元件进行布局时，至少要兼顾以下方面：尽可能将元件置于 PCB

顶层，当顶层元件过密时，可考虑将一些高度有限且发热量小的元件（如电阻、贴片电容等）放在底层；在保证电气性能的前提下，元件应放置在栅格上相互平行或垂直排列，以达到整齐、美观的效果；一般情况下不允许元件重叠；元件排列要紧凑，尽量缩短元件间的布线长度；输入元件尽量远离输出元件；带高压的元件应尽量布置在调试时手不易触及的地方。布局时元件的选取、拖动及旋转操作方法与电路原理图中一致，可参考表 2.4 中的相关内容。布线工作看似简单，实则很复杂且烦琐，本项目先介绍最简单易学的自动布线的操作。对 PCB 板图中的元件进行布局与自动布线的操作步骤如表 2.10 所示。

表 2.10　对PCB板图中的元件进行布局与自动连线的操作步骤

步　骤	操 作 说 明	操 作 示 例
1 绘制 PCB 板图轮廓	（1）单击 PcbDoc 文件编辑界面下方的“Mechanical 1”标签，将绘图界面切换至机械层； （2）依次单击“Edit”→“Origin”→“Set”，选择原点设置命令，并在图纸中适宜位置处单击，在图纸中设置好原点； （3）单击“Utility Tools”工具栏中的向下箭头，选择“Place Line”命令，在图纸中适宜位置处双击，待画出直线作为 PCB 板图轮廓线的一部分后，退出该绘图命令； （4）双击该直线，在弹出的对话框左上角处单击图标，选择“Toggle Units [mm/mil]”命令，将图纸单位切换至 mm； （5）在直线起始坐标处输入直线的精确坐标，如起点(0,0)，终点(0,35)； 重复前面的操作，在图纸空白处绘制一个 70mm×35mm 的矩形，作为本次练习的 PCB 板图轮廓	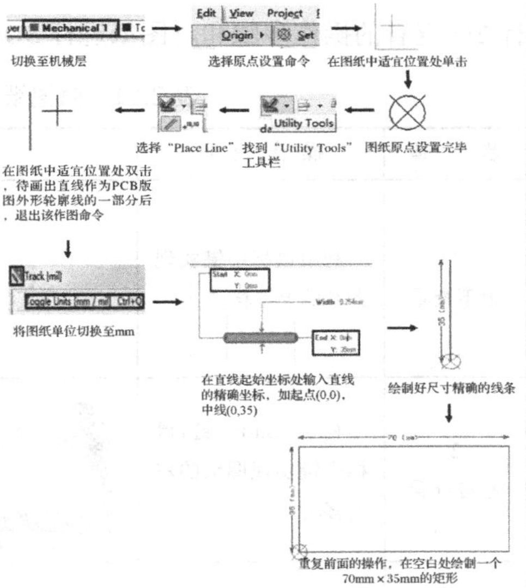 切换至机械层 选择原点设置命令 在图纸中适宜位置处单击 图纸原点设置完毕 找到“Utility Tools”工具栏 选择“Place Line” 在图纸中适宜位置处双击，待画出直线作为PCB版图外形轮廓线的一部分后，退出该作图命令 将图纸单位切换至mm 在直线起始坐标处输入直线的精确坐标，如起点(0,0)，中线(0,35) 绘制好尺寸精确的线条 重复前面的操作，在空白处绘制一个70mm×35mm的矩形
2 封装选取	元件封装选取的操作与电路原理图中元件选取的操作相同	见表 2.4 中步骤 1
3 封装旋转	元件封装旋转的操作与电路原理图中元件旋转的操作相同	见表 2.4 中步骤 3
4 自动布线	依次单击“Auto Route”→“All”，在弹出的对话框内不修改任何参数，直接单击对话框内右下角的“Route All”按钮	Auto Route　Reports　All... Route All　Cancel

续表

步　骤	操作说明	操作示例
5 布线结果	系统自动布线时，会弹出一个"Message"对话框提示系统布线的进度及结果。自动布线存在一些不足之处，相关内容会在随后的项目中逐步深入地进行探讨	

10．对图纸进行 2D 和 3D 查看

设计完成之后，还需要仔细查看图纸。图纸查看有 2D 和 3D 两种形式，对图纸进行 2D 查看的操作步骤和对图纸进行 3D 查看的操作步骤分别如表 2.11 和表 2.12 所示。

表 2.11　对图纸进行 2D查看的操作步骤

步　骤	操作说明	操作示例
1 上下查看	利用鼠标中键实现图纸的上下移动	
2 左右查看	利用"Shift"键+鼠标中键实现图纸的左右移动	+
3 图纸缩放	利用"Ctrl"键+鼠标中键实现图纸的缩放	+
4 图纸全屏显示	利用"Ctrl+PgDn"组合键实现图纸的全屏显示	+

表 2.12 对图纸进行 3D查看的操作步骤

步 骤	操作说明	操作示例
1 切换至 3D 状态	依次单击“View”→“Switch To 3D”（或按“3”键）	
2 图纸 缩放	按住“Ctrl”键不放并单击鼠标右键，或者按住“Ctrl”键不放并单击鼠标中键；或者按“PgUp”键、“PgDn”键	
3 图纸 平移	按住鼠标中键不放并拖动鼠标，可上下移动图纸；按住“Shift”键和鼠标中键不放并拖动鼠标，可左右移动图纸；按住鼠标右键不放并拖动鼠标，可向任何方向移动图纸	
4 图纸 旋转	按住“Shift”键不放并单击鼠标右键，进入3D旋转模式，此时光标显示为一个定向圆盘	
5 切换至 2D 状态	依次单击“View”→“Switch To 2D”（或按“2”键）	

【经验分享】

Q1：创建了电路原理图、工程文件和PCB板图后，依次单击“Design”→“Update PCB DocumentPCB1.PcbDoc”，为何弹出“Can’t Locate Document [PCB1.PcbDoc]”提示框？

A1：因为电路原理图名与PCB板图名不一致，将电路原理图名与PCB板图名改为一样的即可，文件后缀名不变。

Q2：为何在电路原理图中找不到“Design”→“Update PCB DocumentUSB供电电路.PcbDoc”命令？

A2：设计文件时未按*.PrjPcb文件→*.SchDoc文件→*.PcbDoc文件的顺序进行创

建，因此无法实现电路原理图向 PCB 板图的更新。

Q3：如果桌面布局打乱了，或者误删了某些快捷工具栏，如何还原？

A3：依次单击“View”→“Desktop Layout”→“Default”即可。

Q4：为何无法用键盘输入快捷命令或用键盘输入命令无效？

A4：因为未在英文状态下输入。

Q5：电路原理图元件库中部分分立元件名称的中英文对照在哪查看？

A5：电路原理图元件库中部分分立元件名称的中英文对照表可参考附录 D，常用插件的电气图形符号表达形式和封装形式可参考附录 E。

Q6：为何两根导线呈“十”字形交叉时没有深蓝色的电气结点？

A6：系统只有在两根导线呈“丁”字形交叉时才会出现深蓝色的电气结点。一般情况下，系统认为呈“十”字形交叉的两根导线并没有真正地连接在一起，所以不会出现电气结点。若需要将呈“十”字形交叉的两根导线连接在一起，可以手工在交叉点处放置一个电气结点，操作步骤为依次单击“Place”→“Manual Junction”。手工放置的电气结点呈暗红色。

Q7：电路中经常要用到的接地符号和电源符号在电路原理图元件库内找不到，该怎么办？

A7：依次单击“Place”→“Power Port”，打开“Power Port”对话框，即可找到电源符号和接地符号，电源符号和接地符号也可在“Power Port”对话框进行切换，如图 2.3 所示。

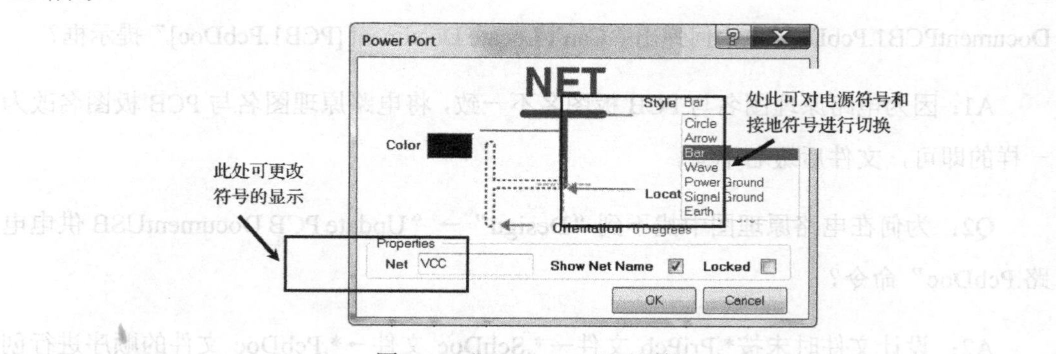

图 2.3 “Power Port”对话框

除此之外，还可以直接从电路原理图编辑界面内的“Schematic Standard”工具栏中调用电源符号和接地符号，如图 2.4 所示。

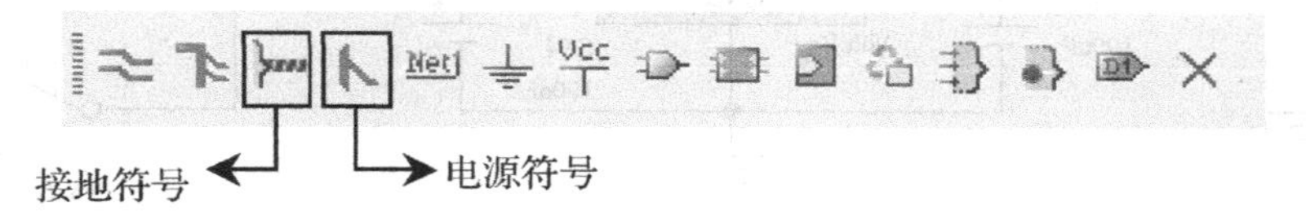

图 2.4　“Schematic Standard”工具栏中的电源符号和接地符号

【项目进阶】

本项目中的电路原理图中的元件较少，电路功能简单，设计难度较低，但实际设计中的电路要复杂一些。在掌握本项目主要内容后，可进行如图 2.5 和图 2.6 所示的电路设计，以提高自身的设计能力。

注意：在练习中遇到的问题可以先记录下来，然后在后续学习中找到对应的解决办法。

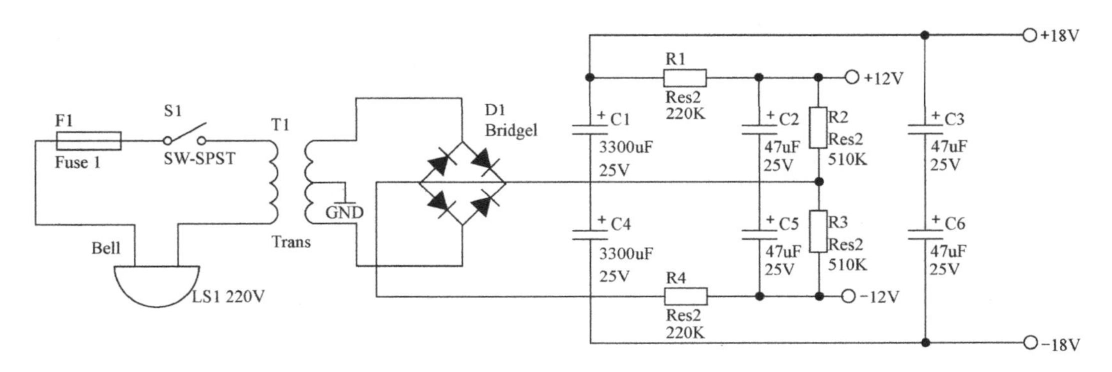

图 2.5　有源音箱供电电路

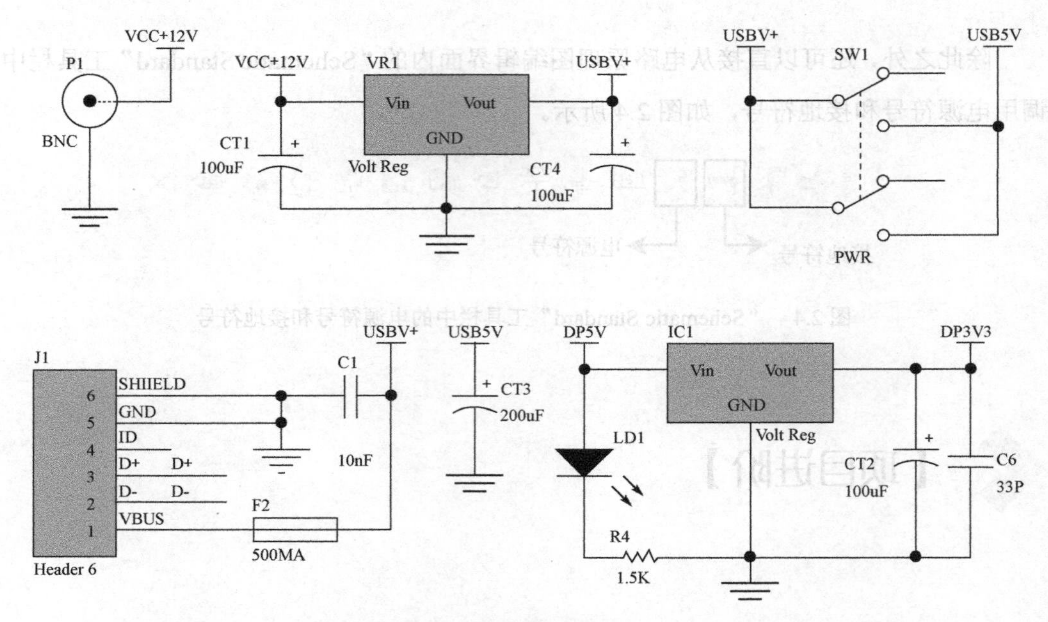
VCC+12V
P1
BNC
VCC+12V
VR1
Vin
Vout
GND
Volt Reg
USBV+
CT1
100uF
CT4
100uF
USBV+
SW1
USB5V
PWR
J1
SHIIELD
GND
ID
D+
D+
D-
D-
VBUS
Header 6
C1
10nF
F2
500MA
USBV+
USB5V
CT3
200uF
DP5V
LD1
R4
1.5K
IC1
Vin
Vout
GND
Volt Reg
CT2
100uF
DP3V3
C6
33P

图 2.6 USB 供电电路

项目 3

这样看我更清晰：图纸参数设置

【项目资料】

虽然项目 2 中的 USB 供电接口电路比较简单，但是有的同学在尝试完成练习的过程中，可能会遇到如图 3.1 所示的图纸呈现效果。

图 3.1 中的三幅图纸中对应的电路原理图的电气连线长度和宽度、电气符号大小均相同，那么图纸呈现效果不同只可能与图纸的参数设置有关。

本项目以项目 2 中已经完成的简单 USB 供电接口电路为例，来说明如何根据需要合理地设置相关的图纸参数。

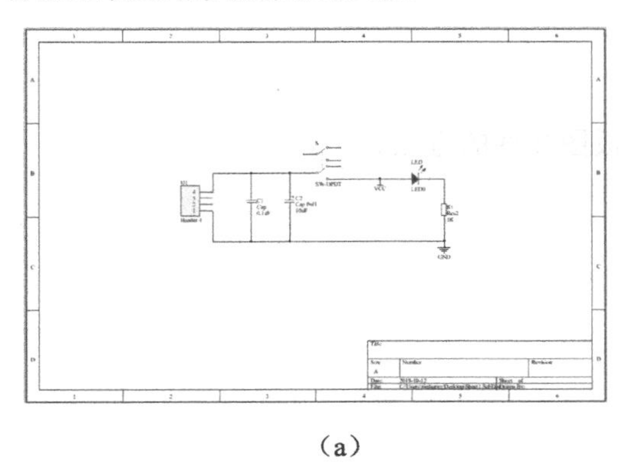

（a）

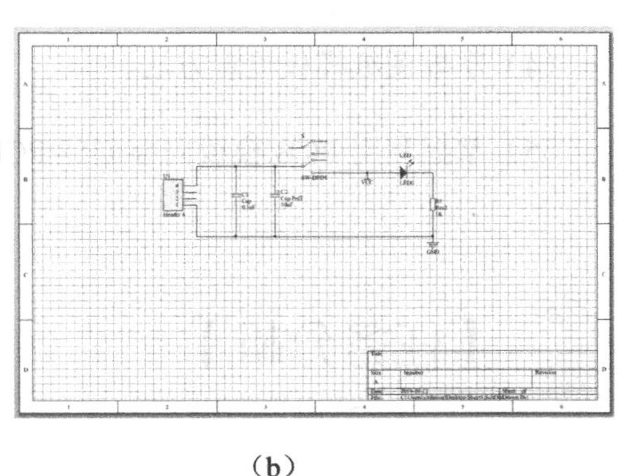

（b）

图 3.1　不同图纸参数设置下的电路原理图

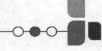

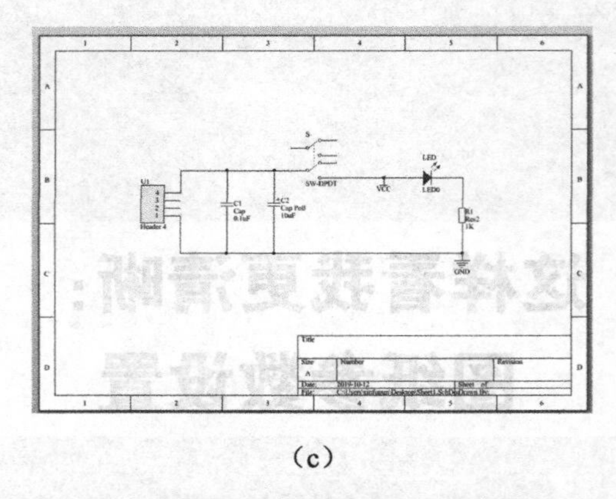

(c)

图 3.1　不同图纸参数设置下的电路原理图（续）

【任务描述】

通过完成简单 USB 供电接口电路的原理图图纸的参数设置和 PCB 板图图纸的参数设置，掌握一般电路原理图和 PCB 板图中需要设置的参数有哪些，以及如何根据设计需要对这些参数进行设置，基本要求如下。

（1）掌握常规图纸的参数设置方法。

（2）掌握自定义图纸的参数设置方法。

（3）掌握图纸网格设置方法。

（4）掌握图纸模板设置方法。

（5）掌握利用 PCB 模板向导创建 PCB 板图文件的方法。

【任务分析】

本项目的任务是完成简单 USB 供电接口电路的原理图和 PCB 板图图纸的参数设

置。按照设计要求完成任务需要解决以下几个问题。

（1）能正确调用“Document Options”（文档选项）对话框。

（2）了解“Document Options”对话框中常用参数的作用。

（3）能根据设计需要，正确设置“Document Options”对话框中的常用参数。

（4）能正确调用网格设置选项。

（5）理解图纸模板的作用并能根据需要设计一张模板图纸。

（6）能利用 PCB 模板向导创建 PCB 板图文件。

由于电路原理图图纸的参数设置流程与 PCB 板图图纸的参数设置流程基本相同，故本项目仅列出电路原理图图纸的参数设置流程，如图 3.2 所示。后续介绍 PCB 板图图纸的参数设置时，也将按照如图 3.2 所示的流程进行。

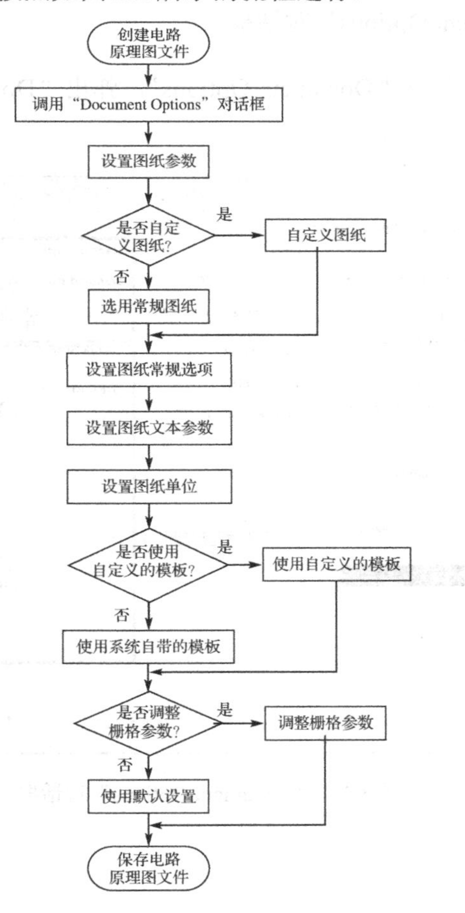

图 3.2　电路原理图图纸的参数设置流程

【任务实施】

本项目内容相对松散，大体可以参考如图 3.2 所示的流程分别完成电路原理图图纸的参数设置和 PCB 板图图纸的参数设置。

1．设置电路原理图图纸参数的详细操作步骤

1）创建并保存电路原理图文件

根据项目 2 中介绍的操作步骤，依次创建并保存电路原理图文件，即 PrjPcb 文件和 SchDoc 文件。

2）调用“Document Options”对话框

依次单击“Design”→“Document Options”，弹出“Document Options”对话框，如图 3.3 所示。

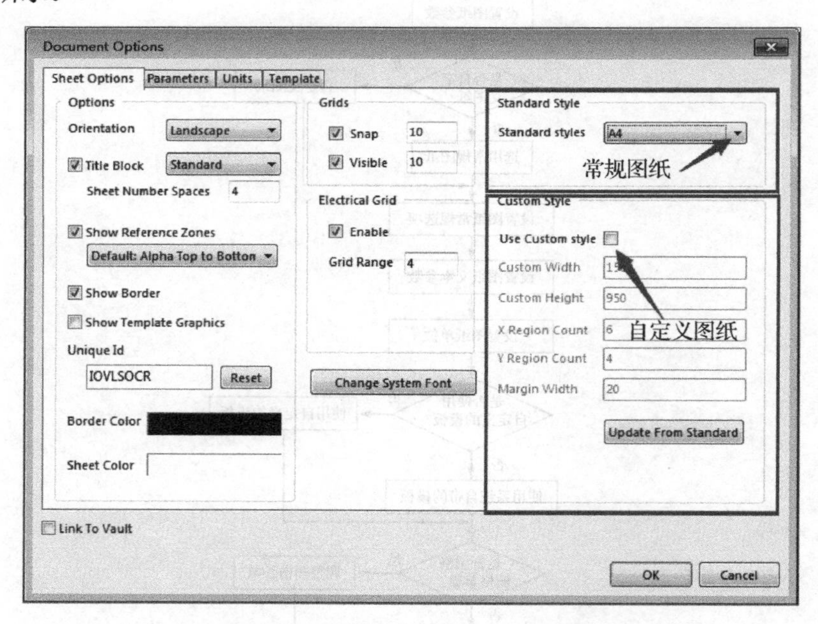

图 3.3 “Document Options”对话框

3）设置图纸参数

在进行图纸参数设置时，首先需要确定图纸的规格。如果选用的图纸是常规图纸，

则可在图 3.3 右上方的“Standard Style 5”（标准图纸）下拉列表中选择需要的标准图纸。

一般情况下，Altium Designer 15 提供的标准图纸类型有以下几种。

公制：A0、A1、A2、A3、A4。

英制：A、B、C、D、E。

OrCAD 图纸：OrCAD A、OrCAD B、OrCAD C、OrCAD D、OrCAD E。

其他：Letter、Legal、Tabloid。

Altium Designer 15 中的标准图纸尺寸如表 3.1 所示。

表 3.1 Altium Designer 15 中的标准图纸尺寸

图纸代号	尺寸/inch	图纸代号	尺寸/inch
A4	11.5×7.6	A	9.5×7.5
A3	15.5×11.1	B	15×7.5
A2	22.3×15.7	C	20×15
A1	31.5×22.3	D	32×20
A0	44.6×31.5	E	42×32
Letter	11×8.5	Legal	14×8.5
Tabloid	17×11		

注意：在 Altium Designer 15 中，默认使用的是英制单位。公制、英制单位之间常用的换算关系：1inch=2.54cm，1inch=1000mil，1mil=0.0254cm，1cm=40mil。

如果无法在标准图纸中找到所需图纸规格，可以通过勾选图 3.3 中“Use Custom Style”复选框来自定义图纸。勾选“Use Custom Style”复选框后，其下面的命令会变成黑色，即可根据实际需要设置相应的参数。自定义图纸参数说明如表 3.2 所示。

表 3.2 自定义图纸参数说明

参数名称	参数作用
Custom Width	自定义宽度，填入数字可设置图纸的水平宽度
Custom Height	自定义高度，填入数字可设置图纸的垂直高度
X Region Count	X 区域数，填入数字可设置图纸水平方向的分区数
Y Region Count	Y 区域数，填入数字可设置图纸垂直方向的分区数
Margin Width	边缘宽度，填入数字可设置图纸的边框宽度

注意：通常情况下将一个栅格的单位设为 10mil，称为基本单位。在设置上述参数时，数值后的单位均为基本单位。

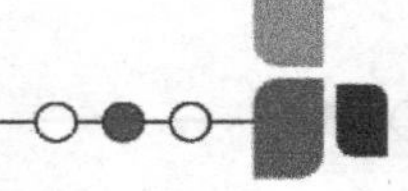

4）设置图纸常规选项

图纸常规选项包括图纸摆放方向、图纸标题栏、图纸颜色等。

（1）设置图纸摆放方向。在“Document Options”对话框中，单击“Sheet Options”选项卡下的“Orientation”下拉列表，可选择图纸摆放方向为“Landscape”（横向）或“Portrait”（纵向），如图 3.4 所示。

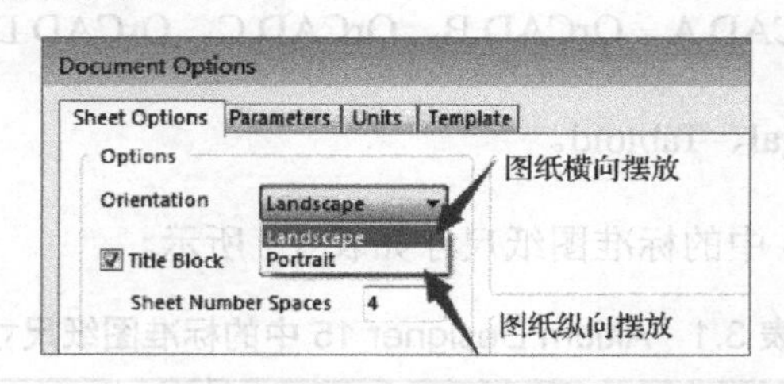

图 3.4　图纸方向设置

（2）设置图纸标题栏。如图 3.5 所示，通过是否勾选“Title Block”复选框可设置是否显示图纸的标题栏。通过单击“Title Block”下拉列表，可选择标题栏模式为“Standard”（标准）模式或“ANSI”（美国国家标准协会）模式。

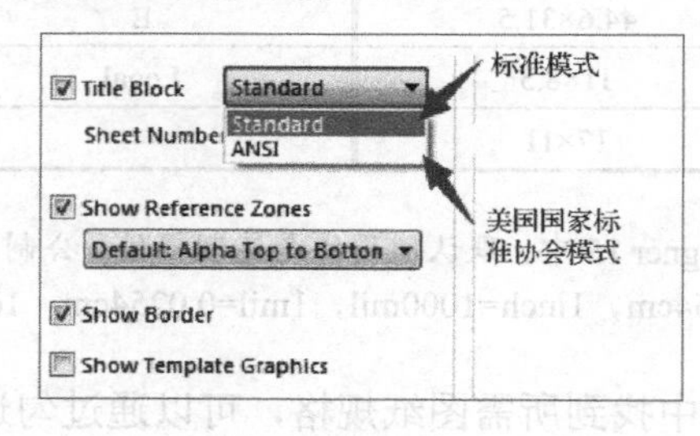

图 3.5　图纸标题栏设置

此外，通过是否勾选“Show Template Graphics”（显示模板图形）复选框可设置是否显示图纸的标题栏。勾选此复选框，编辑器窗口和打印的文件中会出现标题栏。通过是否勾选“Show Reference Zones”（显示参考边）复选框可设置是否显示参考边信息。勾选此复选框，编辑器窗口中将出现横向为 1、2、3、…，纵向为 A、B、C、…的区域编号。

（3）设置图纸颜色。图纸颜色设置包括“Border Color”（边框颜色）和“Sheet Color”（图纸颜色）两个选项，如图 3.6 所示。

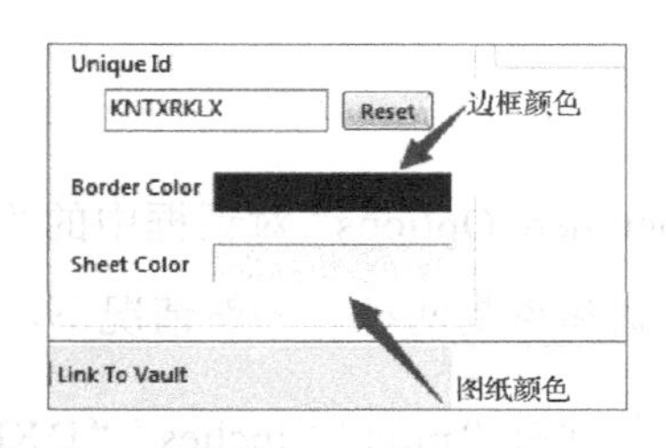

图 3.6　图纸颜色设置

两者的设置方法相同：单击“Border Color”颜色框或“Sheet Color”颜色框，弹出的颜色对话框中有三种选择颜色的方法，即 Basic（基本）、Standard（标准）和 Custom（自定义）。相关的颜色选择方法与普通具有 Windows 风格操作界面的应用软件的颜色选择方法相同，此处不再赘述。

5）设置图纸文本参数

图纸的文本参数可以在“Document Options”对话框中的“Parameters”选项卡中进行设置。

图 3.7 为图纸中的文本项目，罗列了系统自带的文本字段。在带有文本下拉列表的项目中，只需要选择相关的文本字段，系统中就会出现相关信息，如图 3.8 所示。

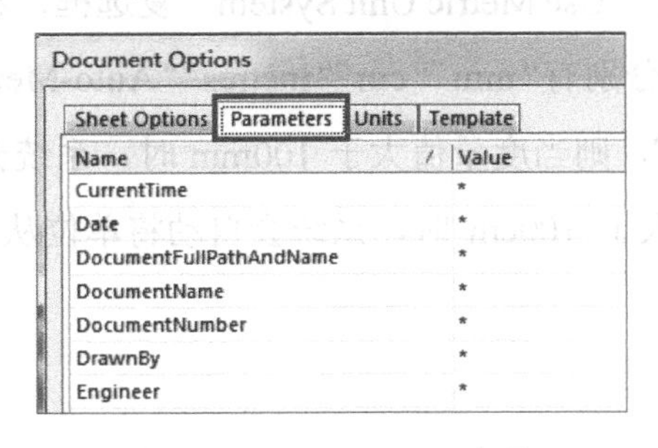

图 3.7　“Parameters”选项

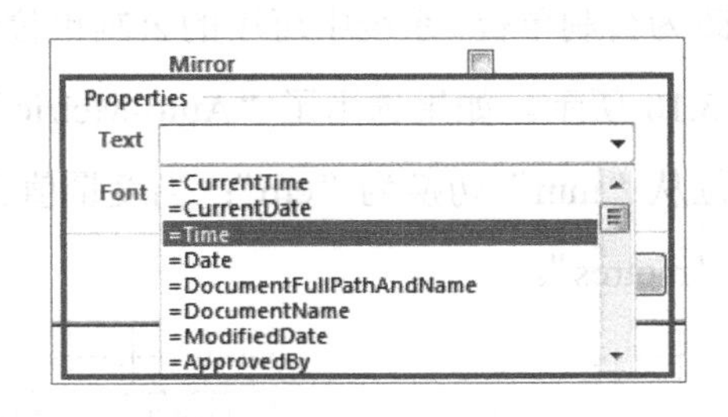

图 3.8　调用文本参数

文本参数需要设置的项目主要有 Name（名称）、Value（数值）和 Type（类型）。其中 Name（名称）的参数主要有 ApprovedBy（批准）、Author（设计）、CheckedBy（校对）、Company（公司）、CurrentTime（当前时间）、Date（日期）、DocumentFullPassAndName（文件完整路径及文件名）、DocumentName（文件名）、DocumentNumber（文件号）、DrawnBy（制图）、Engineer（工程师）、ImaginePass（图标路径）、ModifiedDate（更改日期）、Organization（机构）、Revision（复核）、Rule（标准）、SheetNumber（页数）、SheetTotal（总页数）、Time（时间）及 Title（标题）。

6）设置图纸单位

图纸的单位可以在“Document Options”对话框中的“Units”选项卡中进行设置。电路原理图图纸的单位有公制和英制两种。一般情况下，系统默认使用英制单位。

系统中可用的英制单位分别有“mils”“inches”“DXP default （10mils）”“Auto-Imperial”，如图 3.9 所示。如果选用了“Auto-Imperial”，当度量值大于 500mil 时，系统会自动将单位从“mils”更为到“inches”。若选用系统默认的“DXP default（10mils）”，则一个单位长度等于 10mil。

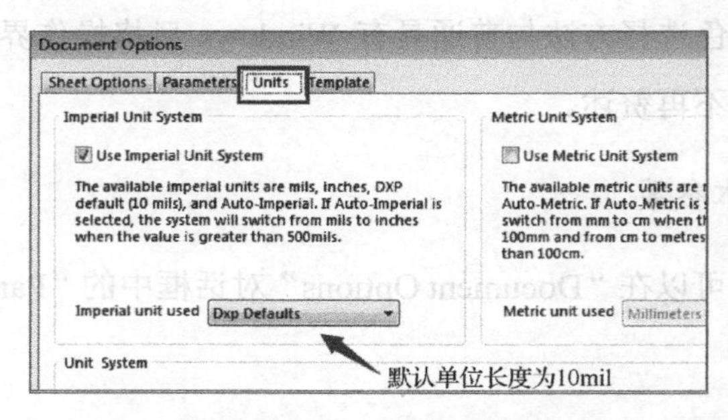

图 3.9　图纸英制单位设置

如果图纸中要使用公制单位，则须勾选“Use Metric Unit System”复选框，将图纸单位改为公制单位。系统中可用的公制单位分别有“mm”“cm”“metres”“Auto-Metric”，如图 3.10 所示。如果选用了“Auto-Metric”，则当度量值大于 100mm 时，系统会自动将单位从“mm”切换为“cm”；当度量值大于 100cm 时，系统会自动将单位从“cm”切换“metres”。

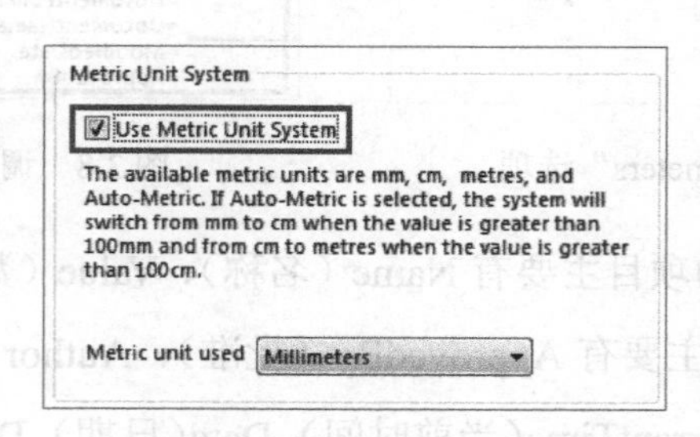

图 3.10　图纸公制单位设置

7）加载模板

在使用电路原理图图纸时，如果需要使用系统自带的模板或自定义的模板，可以在“Document Options”对话框中的“Template”选项卡中进行设置，如图 3.11 所示。

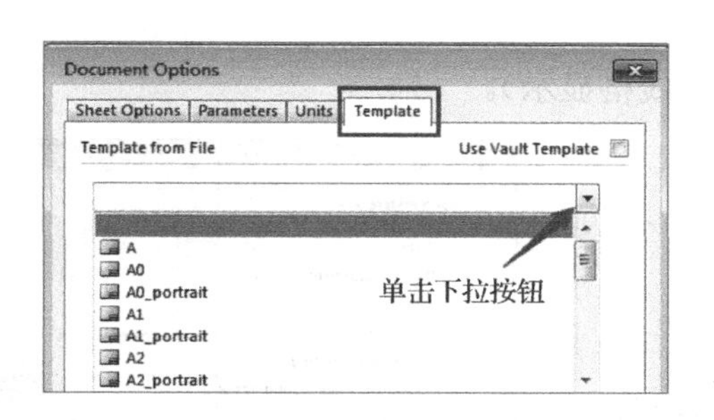

图 3.11　加载电路原理图图纸模板

如果要调用系统自带的模板，则可以在如图 3.11 所示的界面中单击图示所指的下拉按钮，从系统中已有的图纸模板中进行调用。注意，如果图纸规格的名称后有“_portrait”，则说明图纸为纵向摆放的。

如果要调用自定义的模板，则可以勾选“Use Vault Template”复选框，并在指定的路径中加载所需的自定义的模板。

8）设置图纸栅格

为了使鼠标指针在绘图区域按指定的步距移动，或者使鼠标指针按照要求自动移动到指定位置，需要在图纸中正确设置相关的栅格参数。一般说来，设置图纸栅格包括以下几个方面。

（1）设置栅格显示。在电路原理图图纸中，栅格可见与否可以通过是否勾选“Document Options”对话框中的“Sheet Options”选项卡中的“Grids”选区中的“Visible”复选框进行设置，而每个栅格对应的尺寸大小则可以通过修改“Document Options”对话框中的“Sheet Options”选项卡中的“Grids”选区中的“Visible”数值框中的数值进行设置，如图 3.12 所示。

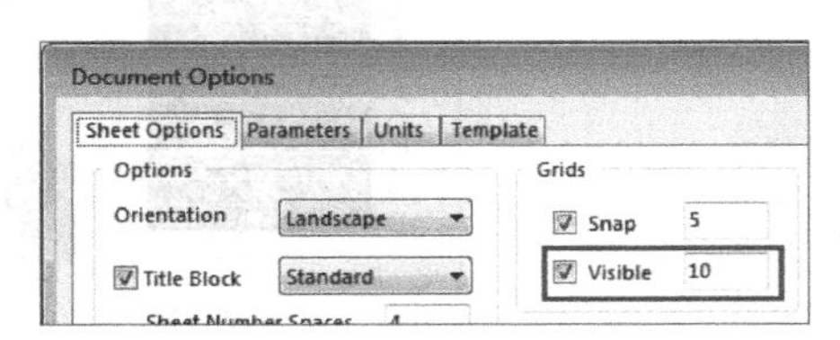

图 3.12　栅格可见/隐藏及大小设置

若需要更改栅格的显示方式，则需要依次单击“DXP”→“Preferences”，双击“Schematic”，再双击“Grids”，弹出“Schematic-Grids”窗格，如图 3.13 所示。单击“Grid Options”选区中的“Visible Grid”下拉列表，可选择栅格显示方式为“Dot Grid”（点格显示）或“Line Grid”（线格显示）。

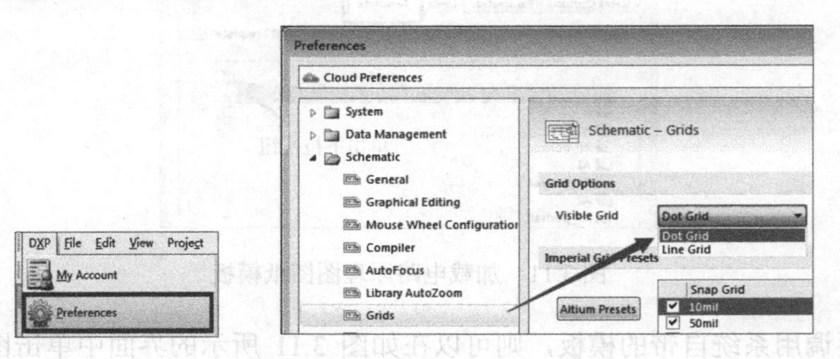

图 3.13　栅格的显示方式设置

另外，如果还需要修改栅格线条的颜色，同样可以依次单击“DXP”→“Preferences”，双击“Schematic”，再双击“Grids”，弹出“Schematic-Grids”窗格，单击“Grid Options”选区中的“Grid Color”颜色框，在弹出的“Choose Color”对话框中选择所需的颜色，如图 3.14 所示。相关的颜色选择方法与普通具有 Windows 风格操作界面的应用软件中的颜色选择方法相同，此处不再赘述。

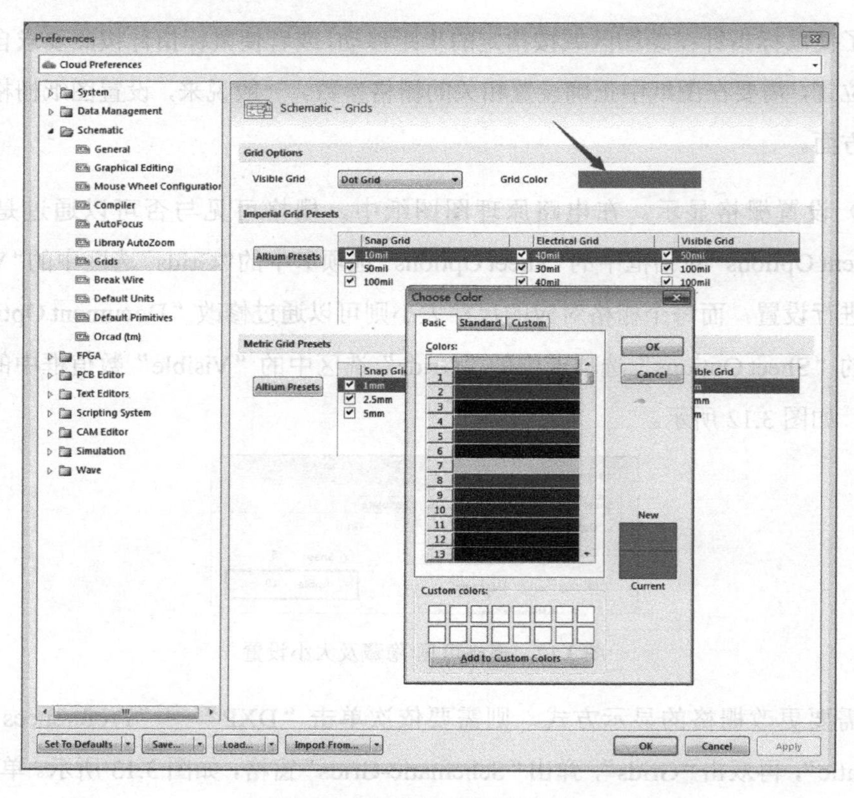

图 3.14　栅格线条的颜色设置

（2）设置栅格捕捉范围。在进行电气连线或绘制某些线条时，可以通过合理设置栅格的捕捉范围提高绘图的效率。由于绘制电路原理图要进行电气连线和绘制线条，所以栅格的捕捉范围设置也分为普通端点捕捉范围设置和电气捕捉范围设置。其中，是否启用普通端点捕捉命令可以通过是否勾选"Document Options"对话框中的"Sheet Options"选项卡中的"Grids"选区中的"Snap"复选框进行设置，而普通端点捕捉范围的大小则可通过修改"Snap"数值框中的数值进行设置，如图 3.15 所示。

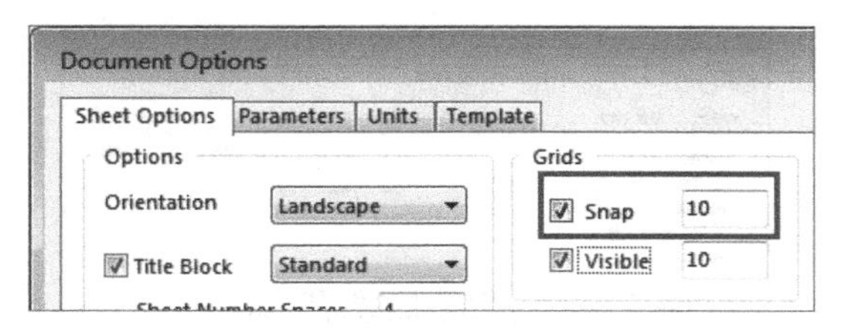

图 3.15　普通端点捕捉范围可见/隐藏及大小设置

设置适宜的普通端点捕捉范围，可以帮助设计人员在绘图时按照特定的捕捉范围长度的倍数来绘制线条。

在进行电气连接时，如果需要鼠标指针在连接端点附近直接捕捉到对应的电气端点，则需要设置适宜的电气捕捉范围。其中，是否启用电气端点捕捉命令可以通过是否勾选"Document Options"对话框中的"Sheet Options"选项卡中的"Electrical Grid"选区中的"Enable"复选框进行设置，而电气端点捕捉范围的大小可通过修改"Grid Range"数值框中的数值进行设置，如图 3.16 所示。

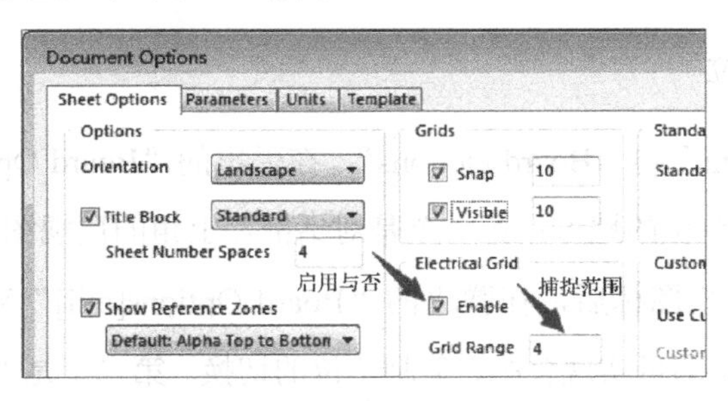

图 3.16　电气捕捉范围可见/隐藏及大小设置

9）保存电路原理图文件

当所有图纸参数全部设置好以后，如果不需要将其设置为模板，就可按项目 2 中所介绍的方法保存电路原理图。如果需要将其设置为模板，则可按下述步骤进行。依次单击“File”→“Save As”，在弹出的“Save [Jsep.SchDoc] AS”对话框中指定文件的存放位置，在“文件名”文本框中输入文件名并在“保存类型”下拉列表中选择文件类型。此处所选文件类型应为“Advanced Schematic template（*.SchDot）”（高级电路原理图模板文件），如图 3.17 所示。最后单击“保存”按钮，保存电路原理图文件并将其设置为模板。后续如果要加载自定义的电路原理图模板，可以参考上文自定义的电路原理图文件的方法进行操作。

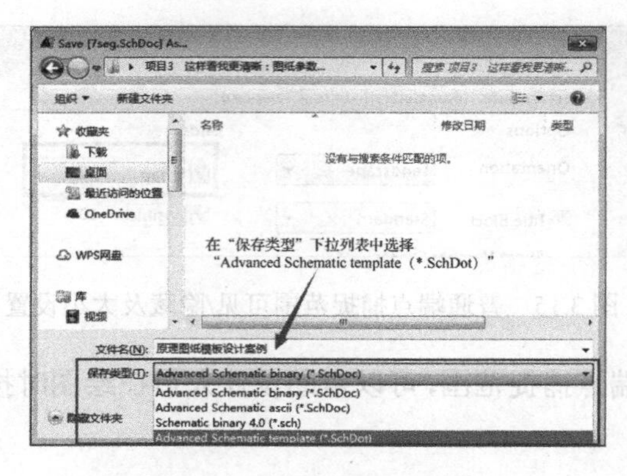

图 3.17　自定义模板文件的保存

2．设置 PCB 板图图纸的参数

PCB 板图图纸的参数设置与电路原理图图纸的参数设置有很多地方相似，但某些在电路原理图图纸中需要设置的参数，在 PCB 板图图纸中不需要设置。PCB 板图图纸中需要设置的参数主要包括图纸单位和栅格参数，其他参数一般不需要进行改动。

1）设置图纸单位

依次单击“Design”→“Board Options”，在弹出的“Board Options[mil]”对话框中，有两个可以设置图纸单位的地方：第一个是对话框左上角的尺规图标，如图 3.18 中圆圈部分所示。单击该尺规图标后，在弹出的“Board Options[mil]”对话框中单击“Toggle Units[mm/mil]”选项，即可实现公制、英制单位的切换。第二个是“Measurement Unit”选区，如图 3.18 中方框部分所示，单击“Unit”下拉列表，选择所需的公制或英制单位即可。

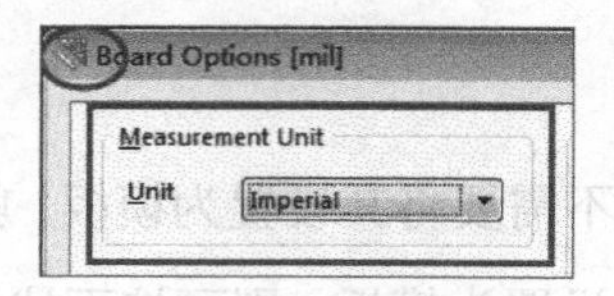

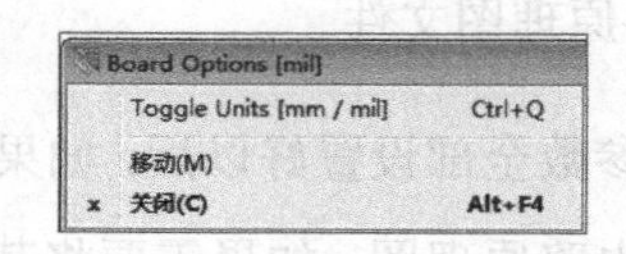

图 3.18　设置图纸单位

2）设置栅格参数

依次单击“Design”→“Board Options”，在弹出的“Board Options[mil]”对话框中单击“Grids”按钮，如图 3.19 所示。

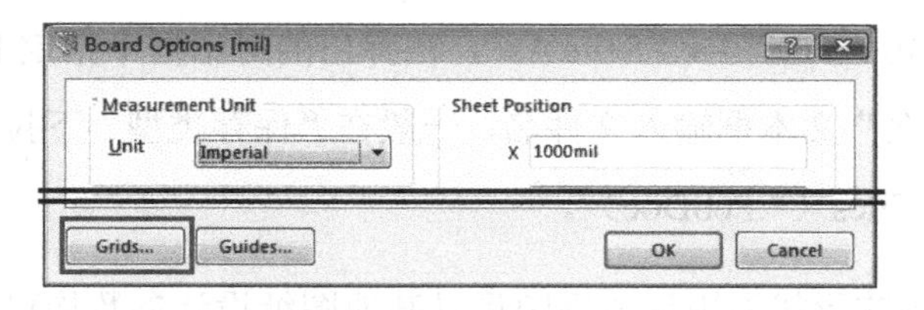

图 3.19　“Board Options[mil]”对话框

在弹出的“Grid Manager”对话框中单击“Fine”项目或“Coarse”项目下对应的颜色框，如图 3.20 所示，进入“Cartesian Grid Editor[mil]”对话框，如图 3.21 所示。

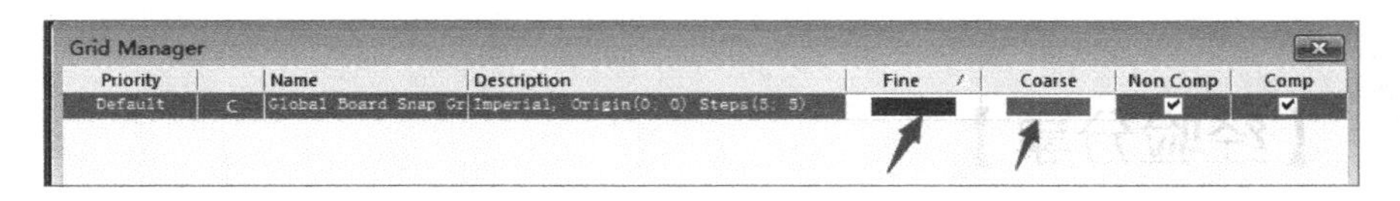

图 3.20　“Grid Manager”对话框

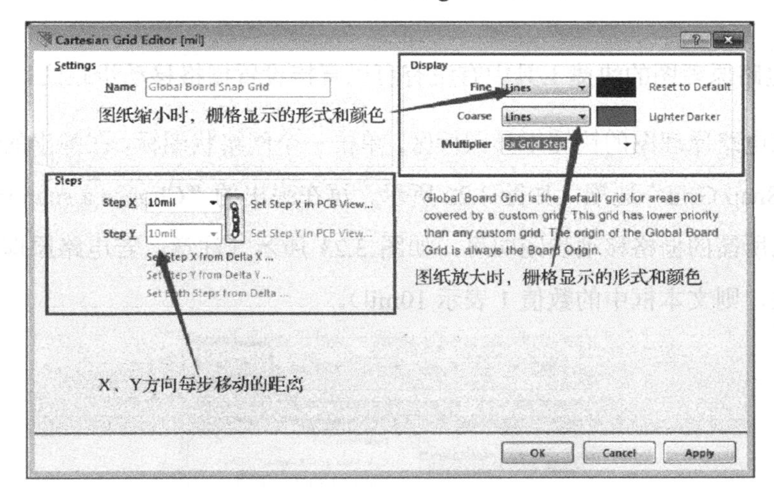

图 3.21　设置栅格参数

在图 3.21 中的“Display”选区中，“Fine”下拉列表和颜色框主要用于将 PCB 板图图纸缩小查看细节区域时对栅格显示的形式和颜色进行设置；“Coarse”下拉列表和颜色框主要用于将 PCB 板图图纸放大查看图纸整体情况时对栅格显示的形式和颜色进行设置。

3）保存 PCB 板图文件

由于 PCB 板图的形状、尺寸会由于设计需要的不同而不同，所以已经创建好的 PCB 板图文件不能像电路原理图文件一样保存为模板文件。PCB 板图文件的保存可按下述步骤进行：依次单击“File”→“Save As”，在弹出的对话框中指定 PCB 板图文件的存放位置并在“文件名”文本框输入文件名，一般在“保存类型”下拉列表中选择文件类型为“PCB Binary Files（*.PcbDoc）”。

如果 PCB 板图的形状为矩形或椭圆形且其他图纸设计参数均可确定，则可以直接利用系统中已有的 PCB 模板向导创建对应的 PCB 板图文件，不需要再另外设置图纸参数，具体操作方法参见【经验分享】Q4 部分。

【经验分享】

Q1：电路原理图的快捷工具中有没有可以直接设置栅格移动步距的？

A1：在电路原理图的快捷工具图标区，单击一个网络状图标，在弹出的下拉列表中选择“Set Snap Grid”选项，如图 3.22 所示。再在弹出的“Choose a snap grid size”对话框中输入所需的栅格移动步距即可，如图 3.23 所示（注意：若电路原理图中采用系统默认单位，则文本框中的数值 1 表示 10mil）。

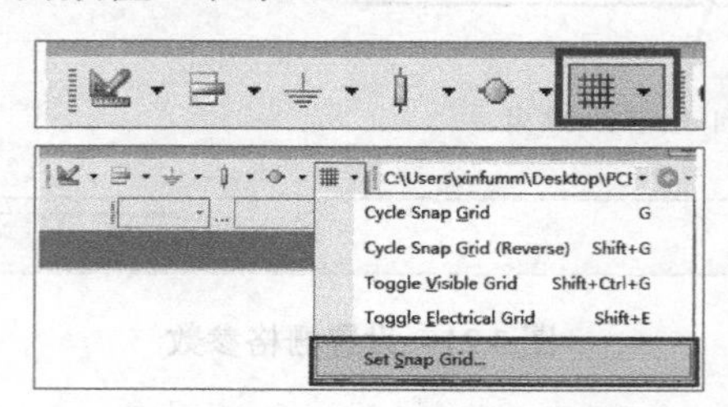

图 3.22 栅格快捷图标

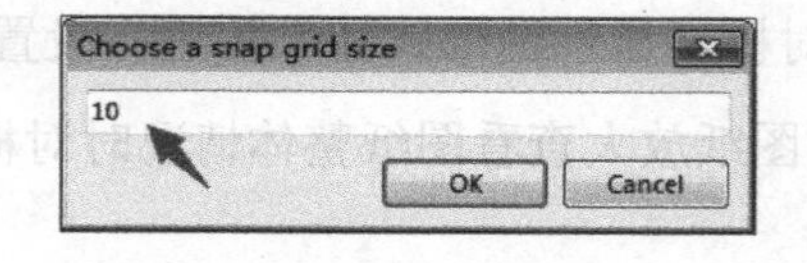

图 3.23 设置栅格移动步距

Q2：如何区分普通电路原理图文件和电路原理图模板文件？

A2：普通电路原理图文件的后缀名是.SchDoc，电路原理图模板文件的后缀名是.SchDot。

Q3：在 PCB 板图图纸中，如何快速切换公制、英制单位？

A3：在英文状态下按“Q”键，可以实现公制、英制单位的快速切换（注意：按键字母不分大小写）。

Q4：能否快速设置好 PCB 板图图纸的参数？

A4：如果需要设计的 PCB 板图图纸为矩形或椭圆形，则可以利用系统自带的 PCB 模板向导来创建 PCB 板图文件。操作步骤如下：单击工作界面左下角的“Files”按钮，如图 3.24 中方框部分所示。若对应的工作窗格显示的项目较多，则可单击折叠按钮，将不需要的项目隐藏，折叠按钮如图 3.24 中圆圈部分所示。

图 3.24　调用“Files”工作窗格

在“Files”工作窗格中，单击“New from template”列表中的“PCB Board Wizard”选项来调用 PCB 模板向导，如图 3.25 所示。

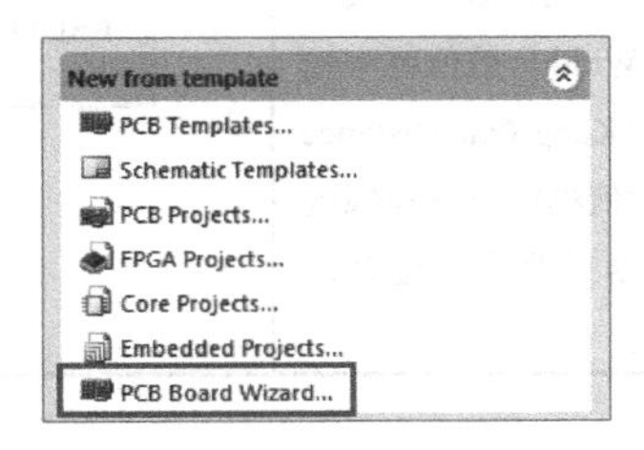

图 3.25　调用 PCB 模板向导

在弹出的“PCB Board Wizard”窗口中，按如表 3.3 所示的步骤进行操作。

表 3.3　利用PCB模板向导创建PCB板图文件的步骤

步　骤	操 作 说 明	操 作 示 例
1 进入相关参数的设置界面	在弹出的“PCB Board Wizard”窗口中，单击“Next”按钮，进入相关参数的设置界面	
2 设置图纸测量单位	单击“Imperial”单选按钮或“Metric”单选按钮，将图纸的单位设置为英制单位或公制单位	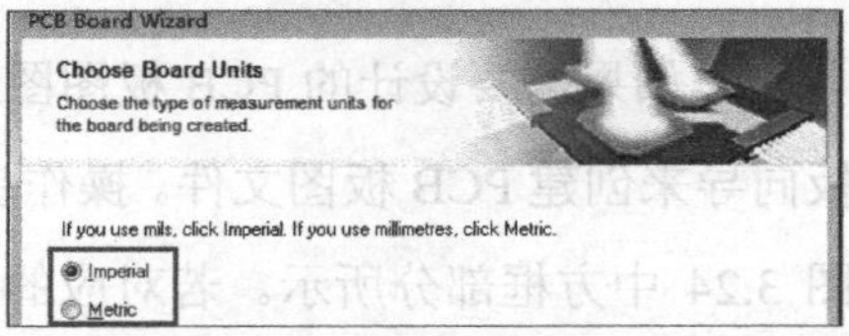
3 设置图纸尺寸	一般情况下，若图纸为标准类型，则可按需要进行选择；若图纸为非标准类型，则选择“Custom”选项	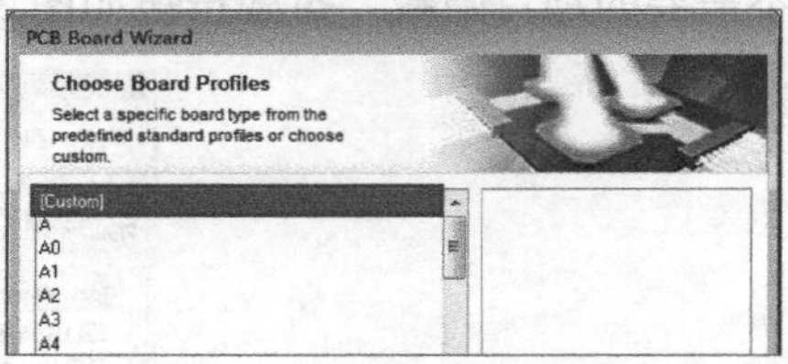
4 设置图纸细节参数	在“Outline Shape”选区中选择所需PCB形状： “Rectangular”表示矩形； “Circular”表示圆形； “Custom”表示自定义。 在“Board Size”选区中的“Width”数值框和“Height”数值框中输入PCB的宽度值和高度值。 在“Dimension Layer”下拉列表中选择标注尺寸所在图层；在“Boundary Track Width”数值框中选择边框宽度；在“Dimension Line Width”数值框中输入尺寸线线宽；在“Keep Out Distance From Board Edge”数值框中设置布线区大小；其他参数根据需要进行选择即可，如不确定可不选	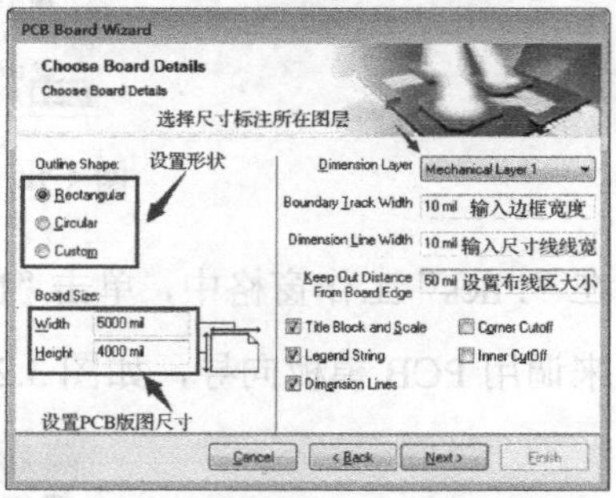

续表

步　　骤	操 作 说 明	操 作 示 例
5 设置图层	对 PCB 板图中的“Single Layers”（信号图层）和“Power Planes”（电源图层）进行设置。 初学人员学习的电路不会太复杂，信号图层数值设置为 2 就够用，电源图层的数值可暂设为 0	图层设置
6 设置过孔类型	对 PCB 板图中的过孔类型进行设置： “Thruhole Vias only”表示仅有穿透式过孔； “Blind and Buried Vias only”表示仅有盲孔和埋孔	设置过孔类型
7 设置主要放置元件类型和布线板面	对 PCB 板图上主要放置的元件类型和布线板面进行设置： “Surface-mount components”表示贴装元件； “Through-hole components”表示插装元件	主要放置的元件类型 是否双面放置元件
8 设置默认线宽和过孔尺寸	对默认线宽和过孔尺寸进行设置： “Minimum Track Size”表示最小线宽； “Minimum Via Width”表示最小过孔孔径； “Minimum Via HoleSize”表示最小过孔开孔尺寸； “Minimum Clearance”表示最小间距	默认线宽和过孔尺寸设置

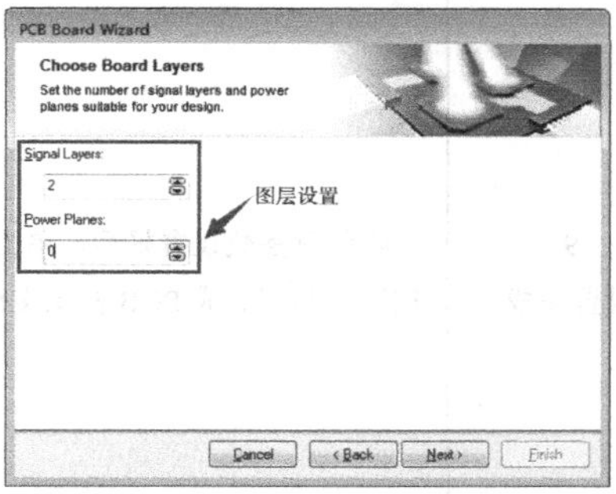

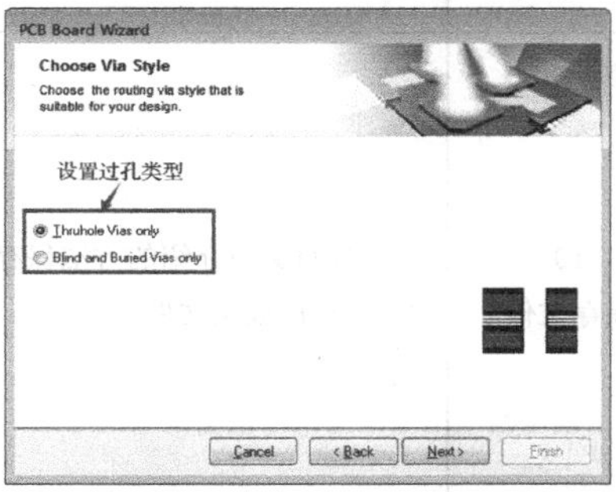

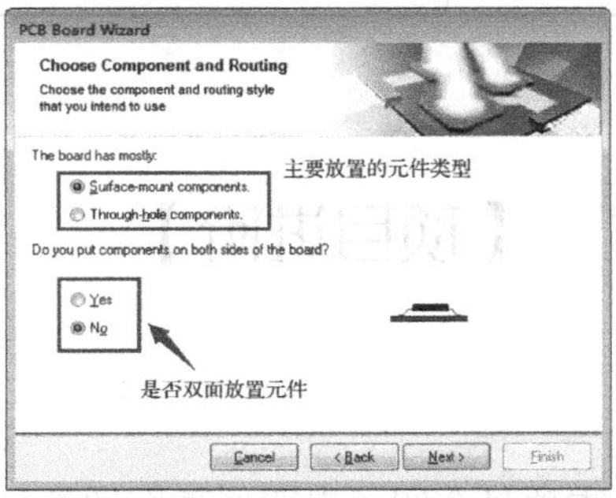

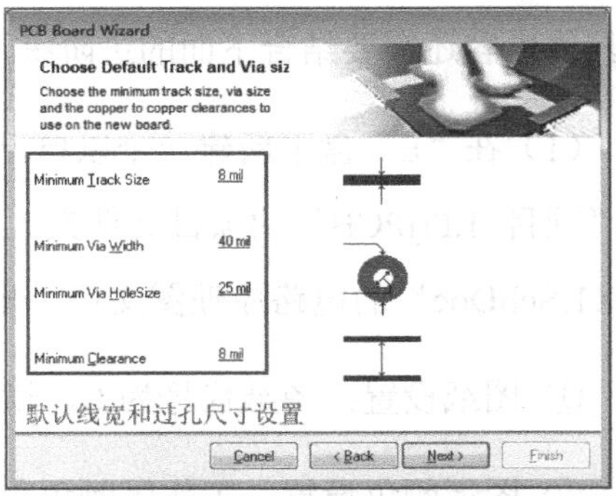

续表

序　号	操 作 说 明	操 作 示 例
9 设置完成	将所有参数设置好后，单击“Finish”按钮，即可完成 PCB 板图文件的创建	PCB Board Wizard Altium Designer Board Wizard is complete You have successfully completed the Board W To close this wizard and create the board clic Cancel　< Back　Next >　Finish
10 保存文件	按项目 2 中介绍的方法保存已经创建好的 PCB 板图文件	3900.00(mil) 4900.00(mil)

【项目进阶】

本项目介绍了电路原理图图纸参数设置和 PCB 板图图纸参数设置的内容和方法，但具体内容还需要结合下面的进阶练习进行巩固。

（1）在“E”盘下新建一个以自己的名字命名的文件夹，在该文件夹中新建一个名为“项目 1.PrjPCB”的项目文件夹。在“项目 1.PrjPCB”项目文件夹中创建一个名为“EX1.SchDoc”的电路原理图文件，相关图纸参数的设置如下。

① 图纸设置：图纸代号为 B，横向摆放。

② 图纸颜色设置：工作区颜色色号为 233，边框颜色色号为 63。

③ 栅格设置：栅格颜色色号为 228，普通端点捕捉范围为 5，电气捕捉范围为 5。

④ 系统字体设置：字体为 Times New Roman，字号为 11。

⑤ 标题栏设置：标题显示方式为 Standard，标题为“我的设计”，字体为华文云彩，颜色色号为 221。

（2）在“E”盘下以自己的名字命名的文件夹中新建一个名为“项目 2.PrjPCB”的项目文件夹。在“项目 2.PrjPCB”项目文件夹中创建一个名为“EX2.SchDoc”的电路原理图文件，相关图纸参数的设置如下。

① 图纸设置：自定义图纸大小，宽度为 900px，高度为 600px，横向摆放。

② 图纸颜色设置：工作区颜色色号为 199，边框颜色色号为 3。

③ 栅格设置：栅格形状为点状，栅格颜色色号为 6，普通端点捕捉范围“Snap”为 8，“Visible”为 9，电气捕捉范围为 4。

④ 系统字体设置：字体为 Times New Roman，字号为 11，字形为斜体。

⑤ 标题栏设置：去掉系统自带的标题栏，自行绘制标题栏，标题名为电路原理图图纸参数设计练习，将自己单位或学校的 logo 以图形的形式插到标题栏内的标题中。

⑥ 将图纸保存为模板文件。

（3）在“E”盘下以自己的名字命名的文件夹中新建一个名为“项目 3.PrjPCB”的项目文件夹。在“项目 3.PrjPCB”项目文件夹中创建一个名为“EX3.PcbDoc”的 PCB 板图文件，相关的图纸参数设置如下。

① PCB 使用单层板，尺寸为 1000mil×1000mil。

② PCB 上所放元件以插装元件为主。

③ 在 PCB 上进行电气布线时，鼠标指针移动步距为 10mil。

项目 4

原来这是可以自制的（1）：TF 卡接口电路设计

【项目资料】

TF 卡（TransFlash Card）又称为 Micro SD Card，由 SanDisk（闪迪）公司发明，主要用于手机，TF 卡的外形如图 4.1 所示。TF 卡具有体积极小的优点，随着容量的不断增大，它慢慢开始用于 GPS 设备、便携式音乐播放器和一些快闪存储器。在日常的使用中，可以将 TF 卡插入适配器转换成 SD 卡，但 SD 卡一般无法转换成 TF 卡。本项目以如图 4.2 所示的 TF 卡接口电路的原理图绘制为例，学习如何自制集成电路原理图元件和正确使用网络标签。

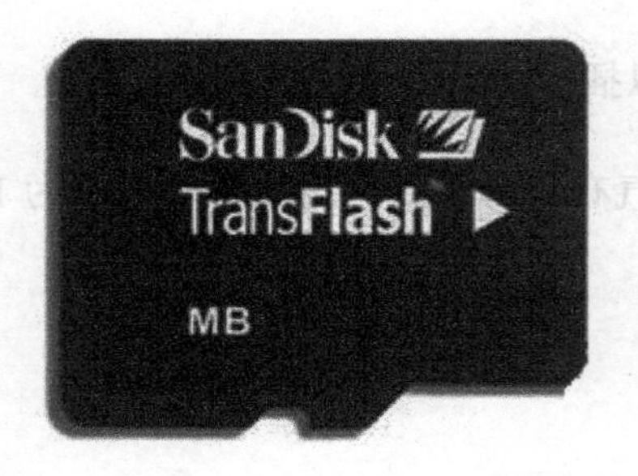

图 4.1　TF 卡的外形

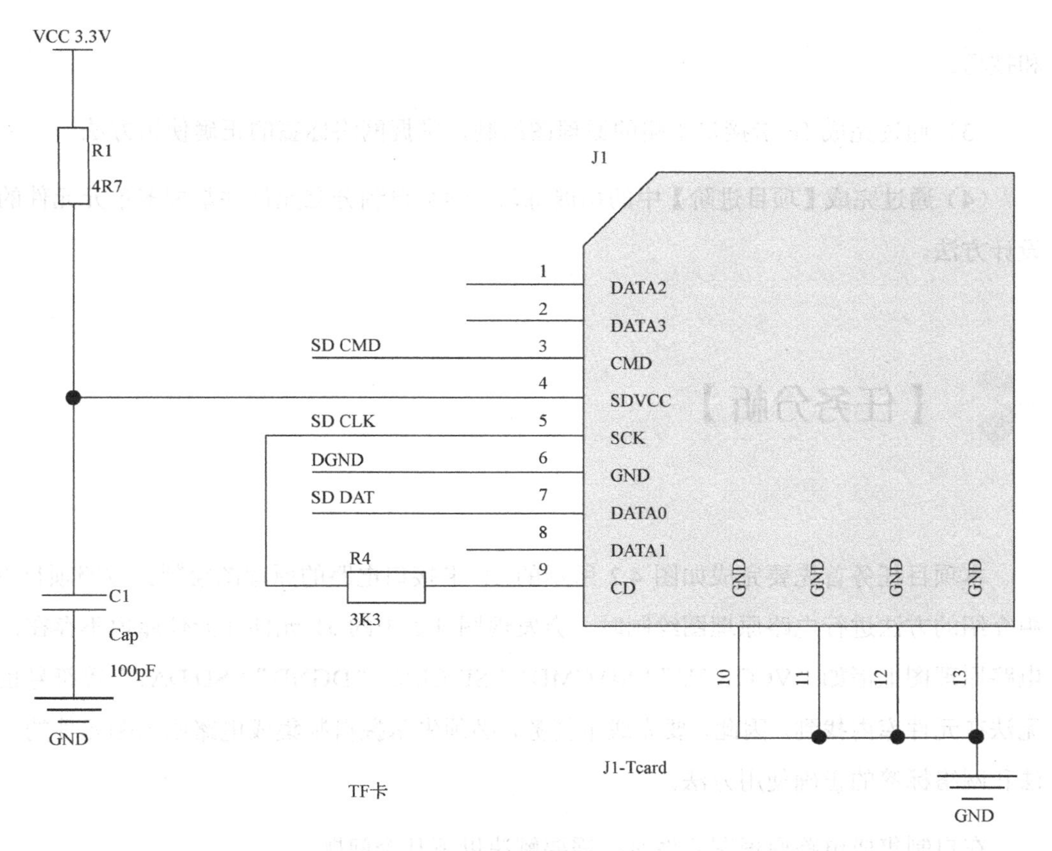

图 4.2　TF 卡接口电路

图 4.2 中接口电压为 3.3V，通过该电路，系统可以读取插入该电路的 TF 卡中存入的音乐。

【任务描述】

本项目的任务是通过完成如图 4.2 所示的 TF 卡接口电路的原理图绘制，掌握自制集成电路原理图元件的方法和技巧，并能正确使用网络标签，基本要求如下。

（1）通过完成本项目，掌握电路原理图元件库中常用工具的使用方法。

（2）通过完成 TF 卡接口电路的原理图绘制，掌握自制集成电路原理图元件的方法和技巧。

（3）通过完成 TF 卡接口电路的原理图绘制，掌握网络标签的正确使用方法。

（4）通过完成【项目进阶】中的拓展练习，学会自制分立元件并掌握多单元元件的设计方法。

【任务分析】

本项目任务首先要完成如图 4.2 所示的 TF 卡接口电路的原理图绘制。按照项目 2 中介绍的方法进行电路原理图绘制时，会发现图 4.2 中的 J1 元件在元件库内不存在，电路原理图上诸如“VCC 3.3V”“SD CMD”“SD CLK”“DGND”“SD DAT”等符号也无法在元件库内找到。因此，要完成本任务，必须先掌握自制集成电路原理图元件的方法和网络标签的正确使用方法。

在自制集成电路原理图元件时，需要解决以下几个问题。

（1）能正确创建与启动电路原理图元件库文件，保存设计好的电路原理图元件库文件。

（2）能正确使用与自制电路原理图元件有关的各个编辑项目，并会查看相关信息。

（3）掌握电路原理图元件库中常用工具的使用方法。

（4）能正确设计出图 4.2 中 J1 元件对应的电路原理图元件。

在使用网络标签时，需要解决以下几个问题。

（1）知晓网络标签的作用。

（2）能正确区分普通文本和网络标签。

（3）能在电路原理图上正确放置网络标签。

本项目中操作对象的查看及放置操作方法均和项目 2 中介绍的方法相同。电路原理图元件库中许多常用工具与普通具有 Windows 风格操作界面的软件中的快捷工具作用相同，本项目中不再一一介绍。

在自制集成电路原理图元件时，要先确定该集成电路的引脚总数和引脚的排列分布情况，然后合理设计该电路原理图元件的尺寸。因为电路原理图元件的尺寸和后面需要学习的元件封装尺寸要求不同，前者可以根据设计需要自行设计，而后者的尺寸必须和实物相符。作为初学者，如果对设计对象的尺寸没有把握，则可以参考其他同类型的电路原理图元件的尺寸进行设计，或者将自制的电路原理图元件试放置到电路原理图中进行查看，再根据观察的结果调整电路原理图元件的尺寸。

在使用网络标签时，应理解它的功能是可以替代起连接作用的两根导线，即可以将两个拥有相同 Net Label 的不封闭线路连接在一起。将电路原理图更新至 PCB 板图时，连接在一起的部件之间会有飞线。

【任务实施】

先按照项目 2 中所介绍的方法，将图 4.2 中需要使用的电容、电阻、电源和接地元件及符号调出来并放置到电路原理图图纸中。然后按照以下步骤，完成 J1 元件的制作和调用。

1. 创建并保存 SchLib 文件

在使用 Altium Designer 自制电路原理图元件时，必须先创建并保存一个 SchLib 文件。SchLib 文件的创建与保存步骤如表 4.1 所示。

表 4.1　SchLib文件的创建与保存步骤

步骤		操作说明	操作示例
1 创建文件	方法 1	依次单击“File”→“New”→“Library”→“Schematic Library”，创建系统默认名为“Schlib1. SchLib”的 SchLib 文件	File Edit View Project Place Design Tools Auto Route Reports Window Help New / Open... / Import... / Close / Open Project... / Open Design Workspace... / Check Out... Schematic / OpenBus System Document / PCB / Project / Library / Script Files / Mixed-Signal Simulation Component Library / Schematic Library / PCB Library

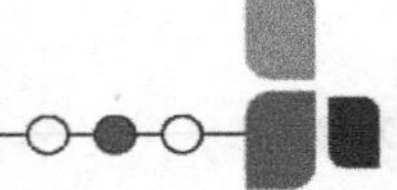

续表

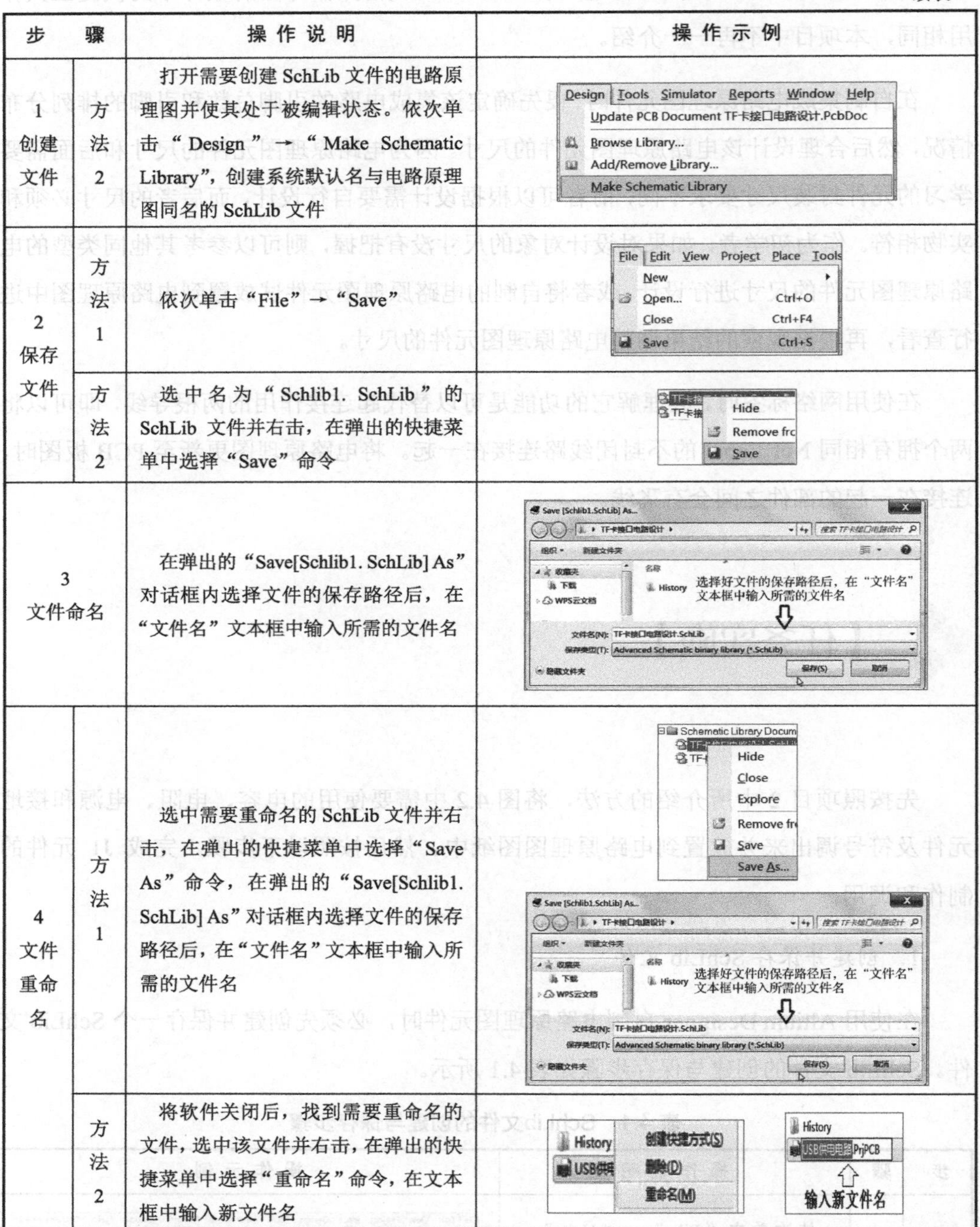

步骤		操作说明	操作示例
1 创建文件	方法2	打开需要创建 SchLib 文件的电路原理图并使其处于被编辑状态。依次单击“Design”→“Make Schematic Library”，创建系统默认名与电路原理图同名的 SchLib 文件	Design Tools Simulator Reports Window Help Update PCB Document TF卡接口电路设计.PcbDoc Browse Library... Add/Remove Library... Make Schematic Library
2 保存文件	方法1	依次单击“File”→“Save”	File Edit View Project Place Tools New Open... Ctrl+O Close Ctrl+F4 Save Ctrl+S
	方法2	选中名为“Schlib1. SchLib”的 SchLib 文件并右击，在弹出的快捷菜单中选择“Save”命令	Hide Remove frc Save
3 文件命名		在弹出的“Save[Schlib1. SchLib] As”对话框内选择文件的保存路径后，在“文件名”文本框中输入所需的文件名	选择好文件的保存路径后，在“文件名”文本框中输入所需的文件名
4 文件重命名	方法1	选中需要重命名的 SchLib 文件并右击，在弹出的快捷菜单中选择“Save As”命令，在弹出的“Save[Schlib1. SchLib] As”对话框内选择文件的保存路径后，在“文件名”文本框中输入所需的文件名	Hide Close Explore Remove fr Save Save As... 选择好文件的保存路径后，在“文件名”文本框中输入所需的文件名
	方法2	将软件关闭后，找到需要重命名的文件，选中该文件并右击，在弹出的快捷菜单中选择“重命名”命令，在文本框中输入新文件名	创建快捷方式(S) 删除(D) 重命名(M) 输入新文件名

2. 了解电路原理图元件库编辑器的主要工作界面

了解电路原理图元件库编辑器的主要工作界面的步骤如表 4.2 所示。

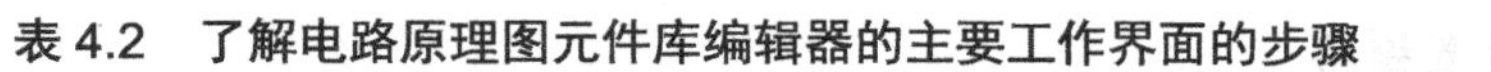

表 4.2　了解电路原理图元件库编辑器的主要工作界面的步骤

步　骤	操 作 说 明	操 作 示 例
1 进入电路原理图元件库编辑器的主要工作界面	单击左下角的“SCH Library”标签，进入电路原理图元件库编辑器的主要工作界面	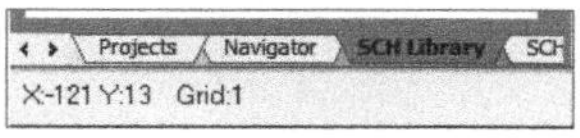
2 认识 元件区	“Components”（元件）区用于选择元件及设置元件信息。 “Place”按钮：将被选中的元件加载到当前被编辑的电路原理图中。 “Add”按钮：新建一个电路原理图元件。 “Delete”按钮：删除被选中的元件，当多个元件同时被选中时允许批量删除。 “Edit”按钮：对被选中的元件进行属性编辑（单击该按钮，可打开“Library Component Properties”面板对元件的默认属性进行修改）	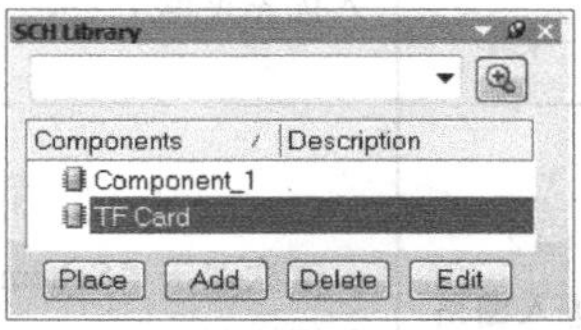
3 认识 别名区	“Aliases”（别名）区用于设置被选中的元件的别名，一般不进行设置	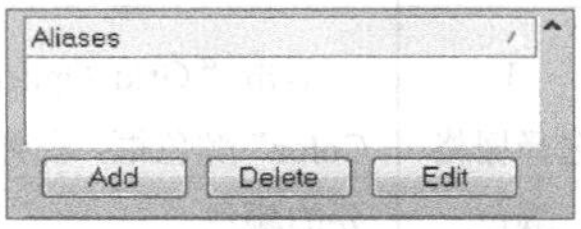
4 认识 引脚区	“Pins”（引脚）区用于元件引脚信息的显示及引脚设置。 元件引脚包含很多属性，但最为关键的还是引脚的名称及编号。元件引脚区中简明地列出了当前被选中元件的引脚属性。其中，“Name”项列出了被选中元件所有引脚的名称，“Pins”项列出了该元件的所有引脚及其与名称之间的对应关系。从某种程度上讲，元件引脚区是元件引脚的统计表。 “Add”按钮：为当前被选中的元件添加一个引脚。 “Delete”按钮：删除被选中的引脚，当多个引脚同时被选中时允许批量删除。 “Edit”按钮：对被选中的引脚进行属性编辑	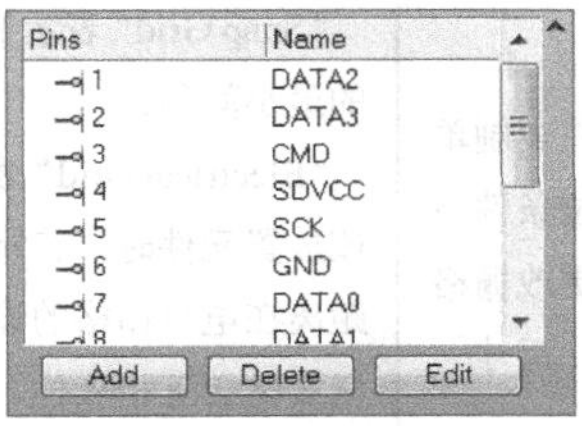
5 认识模型区	“Model”（模型）区用于设置元件的 PCB 封装、信号的完整性及仿真模型等。 “Add”按钮：为被选中的元件添加 PCB 封装、信号的完整性及仿真模型等。 “Delete”按钮：删除被选中的元件的某个属性，当多个属性同时被选中时允许批量删除。 “Edit”按钮：对被选中元件的属性进行编辑	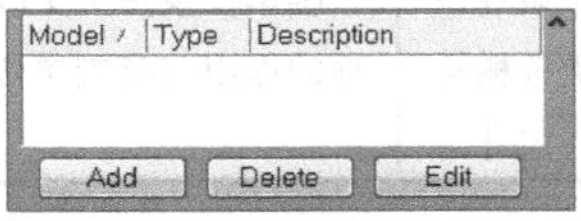

3．设置栅格

为便于绘图和查看电路布局，可提前设置好栅格的尺寸和背景颜色，栅格的设置步骤如表 4.3 所示。

表 4.3　栅格的设置步骤

步　骤	操 作 说 明	操 作 示 例
1 进入优先菜单	依次单击“DXP”→“Preferences”，进入优先菜单	
2 进入栅格菜单	依次双击“Schematic”→“Grids”，进入栅格菜单	
3 选择栅格颜色	单击“Grid Options”选区中的“Grid Color”颜色框，在弹出的对话框中选择需要的颜色	
4 在英制单位条件下更改栅格尺寸	在“Imperial Grid Presets”选区中可以在英制单位条件下更改栅格尺寸。 “Snap Grid”表示捕捉栅格，指光标移动的最小间隔。 “Electrical Grid”表示电气栅格，在移动或放置元件时，若元件与周围电气实体的距离在电气栅格的设置范围内，元件与电气实体会互相吸住。 “Visible Grid”表示可视栅格，在编辑过程中看到的网格就是可视栅格	
5 在公制单位条件下更改栅格尺寸	在“Metric Grid Presets”选区中可以在公制单位条件下更改栅格尺寸，其中各选项的作用与英制单位条件下的相同	

4．创建元件

在电路原理图元件库编辑器中，创建元件的操作步骤如表 4.4 所示。

表 4.4　创建元件的操作步骤

步　骤		操 作 说 明	操 作 示 例
1 添加元件	方法 1	在“Component”区中单击“Add”按钮	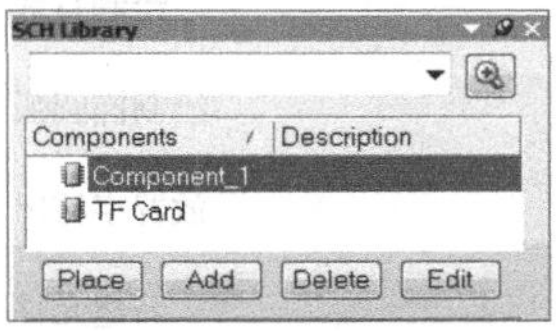
	方法 2	依次单击“Tools”→“New Component”	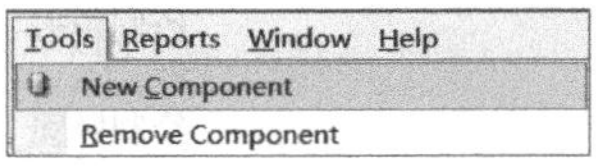
	方法 3	单击“Utilities”工具栏中的常用工具中的“Create Component”工具	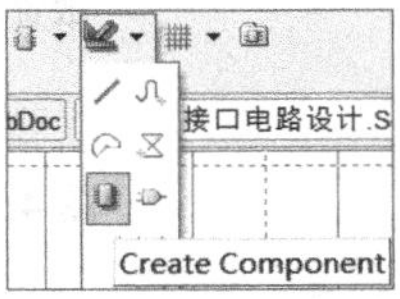
2 元件更名		在弹出的“New Component Name”对话框中，对系统默认的元件名“Component_2”（元件名中或许为其他数值编号）进行修改	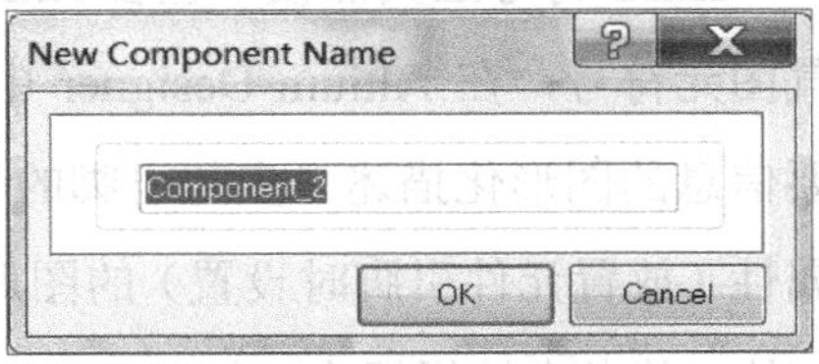

5．绘制元件轮廓

Altium Designer 提供了功能强大的电路原理图元件库编辑器，其中包含丰富的菜单命令和多个快捷工具面板。绘制电路原理图元件的常用操作大多数可以通过快捷工具实现而不必借助菜单。

电路原理图元件的制作（新建）包括元件体的绘制和放置引脚两项基本内容。元件体中蕴含简单的元件信息，如用瘦长的矩形框表示电阻体、两块正对的极板（两条比较协调的几何线段）表示电容体、几根相连的圆弧线表示电感体等。相对元件体而言，引脚具备电气特性，是元件的核心部分。放置引脚时需要对引脚的一些基本信息进行设置，如引脚名称、引脚编号、引脚长短、引脚的电气类型及引脚是否隐藏等。

由于制作电路原理图元件的实质是绘图，所以有两个快捷工具面板很重要：一个是“Utilities”（实用）工具面板，即电路原理图元件库中元件的绘制工具面板；另一个是 IEEE 符号工具面板。

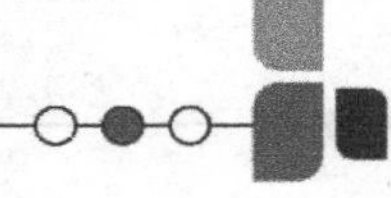

电路原理图元件库中元件绘制工具的作用如图 4.3 所示。

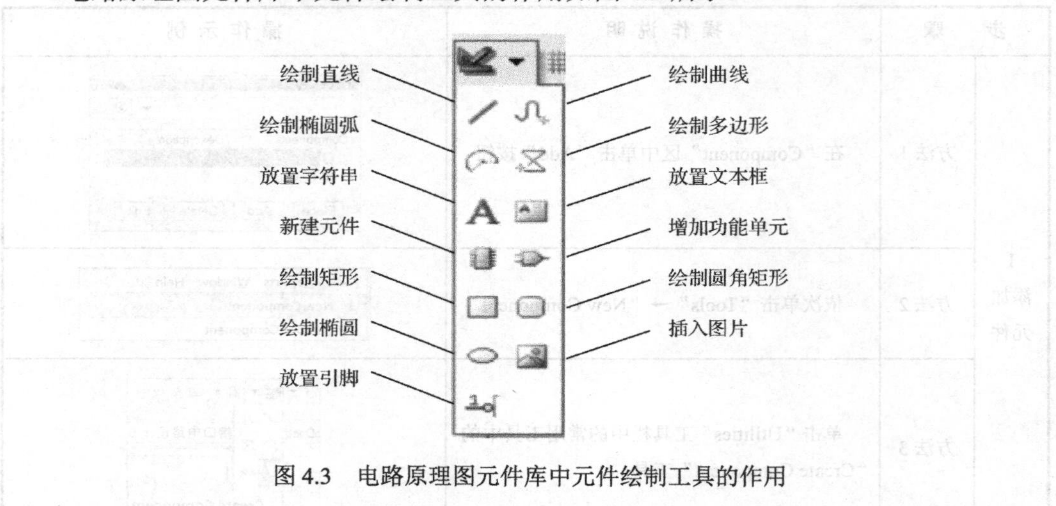

图 4.3　电路原理图元件库中元件绘制工具的作用

IEEE 符号工具面板中包含 IEEE（美国电气和电子工程师协会）制定的一些标准电气图元符号，在 Altium Designer 中，这些符号常用于较为复杂的集成电路的功能或必要信息的图形化描述（多与引脚的功能或性质描述有关）。这些符号多为对元件的引脚属性（放置元件引脚时设置）的图形化描述，和“Utilities”工具面板中的电气图元符号相比，前者由编辑器自动地放置在该引脚附近，而后者允许放置在电气符号的任何位置（尽管可能不恰当或不合理）。IEEE 符号工具面板如图 4.4 所示，该工具面板中的很多电气图元符号并不常用，尤其是对于初学者而言。

Dot	低电平触发	Open Collector PullUp	提高阻抗的开集极输出
Right Left Signal Flow	信号由右至左传输	Open Emitter	开射极输出
Clock	时钟	Open Emitter PullUp	电阻接地的开射极输出
Active Low Input	电平触发输入	Digital Signal In	数字信号输入
Analog Signal In	模拟信号输入	Invertor	反相器
Not Logic Connection	非逻辑性连接	Or Gate	或门
Postponed Output	延时输出	Input Output	双向信号流
Open Collector	开集极输出	And Gate	与门
HiZ	高阻抗状态	Xor Gate	异或门
High Current	大电流	Shift Left	信号左移
Pulse	脉冲	Less Equal	小于等于
Delay	延迟	Sigma	Σ
Group Line	多条I/O线组合	Schmitt	施密特触发输入
Group Binary	二进制组合	Shift Right	信号右移
Active Low Output	低态触发输出	Open Output	开极输出
Pi Symbol	π符号	Left Right Signal Flow	从左至右信号流
Greater Equal	大于等于	Bidirectional Signal Flow	双向信号流

图 4.4　IEEE 符号工具面板

本项目中，J1 元件的元件体的形状是不规则的，可以按如表 4.5 所示的操作步骤进行绘制。若元件体的形状是规则的，则可以按如表 4.6 所示的操作步骤进行绘制。

表 4.5　绘制多边形的操作步骤

步　骤	操 作 说 明	操 作 示 例
1 选择绘制多边形的工具	在“Utilities”工具栏的常用工具中选择“Place Polygons”工具	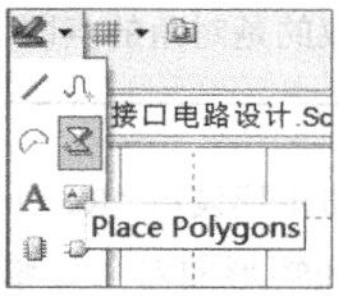 接口电路设计.Sc Place Polygons
2 修改属性	在将“Place Polygons”工具调出并在图纸上绘图前，按“Tab”键调用“Polygon”对话框，修改填充颜色、边框颜色和边框粗细。本例中，填充颜色为黄色，边框颜色为砖红色，边框粗细为 Smallest	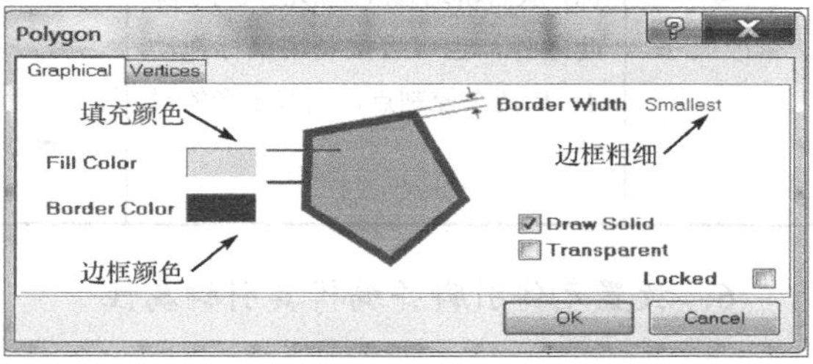 Polygon Graphical　Vertices 填充颜色　Fill Color Border Color　边框颜色 Border Width　Smallest　边框粗细 Draw Solid Transparent Locked OK　Cancel
3 绘制多边形	依次单击右图所示的 *A*、*B*、*C*、*D*、*E* 五个控制点后，右击完成绘制	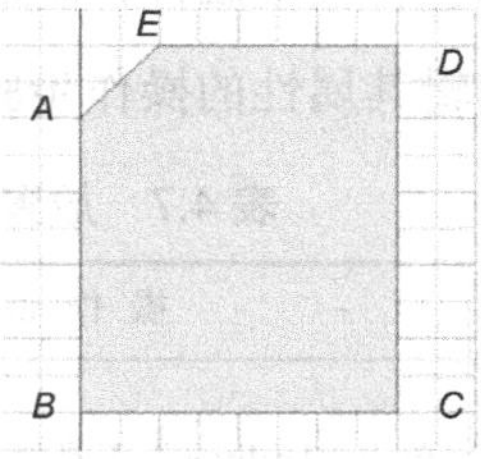 E　D　A　B　C

表 4.6　绘制矩形的操作步骤

步　骤	操 作 说 明	操 作 示 例
1 选择绘制矩形的工具	在“Utilities”工具栏的常用工具中选择“Place Rectangle”工具。若轮廓有圆角，则选择“Place Round Rectangle”工具	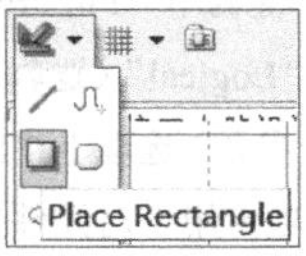 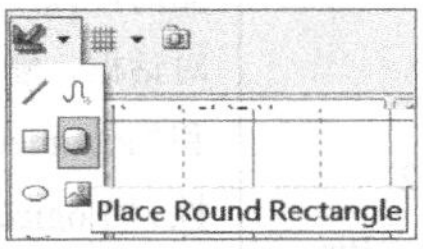 Place Rectangle Place Round Rectangle
2 修改属性	在将“Place Rectangle”工具调出并在图纸上绘图前，按“Tab”键调用“Rectangle”对话框，修改填充颜色、边框颜色和边框粗细。本例中，填充颜色为黄色，边框颜色为砖红色，边框粗细为 Smallest	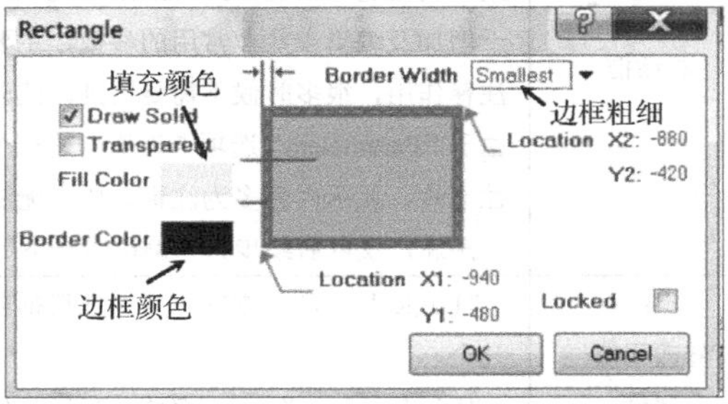 Rectangle 填充颜色　Border Width　Smallest　边框粗细 Draw Solid Transparent Location　X2: -880　Y2: -420 Fill Color Border Color 边框颜色 Location　X1: -940　Y1: -480 Locked OK　Cancel

续表

步　骤	操作说明	操作示例
3 绘制矩形	单击如右图所示的 *A*、*B* 两个控制点后，右击完成绘制。绘图时，可不选取 *A*、*B* 点作为控制点，只要选取的是对角的点即可	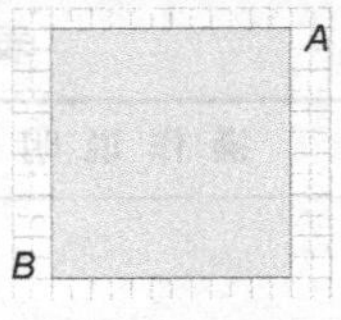
4 修改尺寸	双击矩形调用“Rectangle”对话框，在矩形的对角处修改对应坐标，从而精确修改矩形的尺寸。除此之外，也可直接利用鼠标拖动 *A*、*B* 两个控制点，调节矩形的尺寸	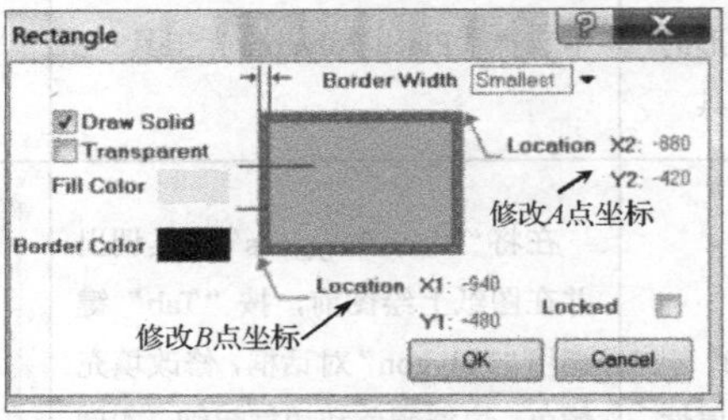

6．放置元件引脚并编辑其引脚属性

元件引脚包含很多属性，但最为关键的还是引脚的名称（也称标识）及编号。放置元件引脚并编辑其属性的操作步骤如表 4.7 所示。

表 4.7　放置元件引脚并编辑其属性的操作步骤

步　骤	操作说明	操作示例
1 选择工具	单击“Utilities”工具栏中的常用工具中的“Place Pin”工具	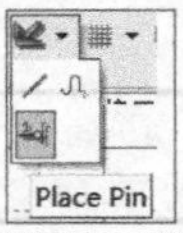
2 调用“Pin Properties”对话框	在将“Place Pin”工具调出并在图纸上绘图前，按“Tab”键调用“Pin Properties”对话框，修改其“Logical”（逻辑）选项卡和“Parameters”（参数）选项卡中的相关属性。“Logical”选项卡用于对元件主要及常规的属性进行设置；“Parameters”选项卡用于增加及编辑一些非常用的参数，主要起注释作用，很多时候不需要用到。此外，由于“Parameters”选项卡近似自建一个属性卡片，显示内容多为注释性质，无法一一阐述，仅以后续步骤为例说明一下	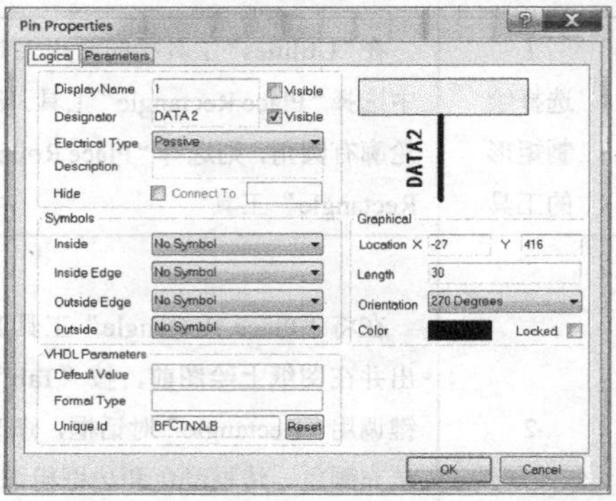
3 修改引脚属性	“Logical”选项卡中的主要属性包括以下几个。 “Display Name”：显示名称。在其中设置	（示例见下页）

续表

步　　骤		操 作 说 明	操 作 示 例
3 修改引脚属性		的名称会出现在紧邻该引脚的元件内边缘。引脚的名称通常以字符或字符串形式出现，用以描述该引脚的功能。 “Designator”：引脚编号。引脚的编号与实际元件的引脚编号相对应。 “Electrical Type”：电气类型。可以从其下拉列表中选择“Input”（输入型）、“Output”（输出型）、“IO”（双向型）、“Power”（电源型）及“Passive”（无源型）等多种类型。 “Description”：功能描述框。 “Symbols”：引脚图形符号设置区。 “Graphical”：图形相关属性设置区。在该部分可根据实际需要对引脚的位置、引脚长度、引脚放置角度、引脚颜色及引脚是否隐藏等进行设置，引脚长度建议采用 10mil 的整数倍	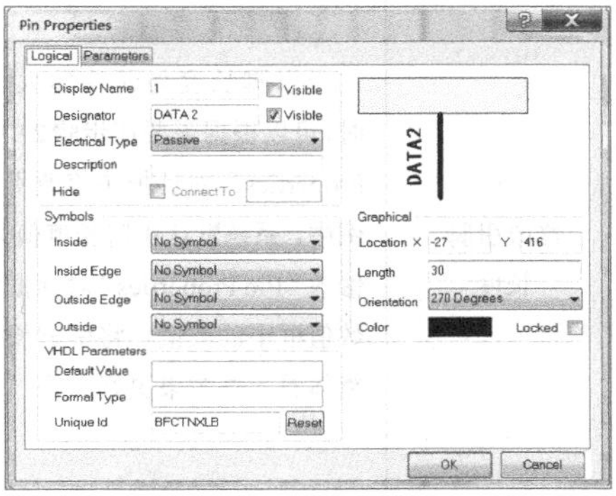
4 放置引脚		由于引脚只有一端具有电气特性，在放置时应将不具有电气特性（无光标符号端）的一端与元件图形相连，而有电气特性的一端置于元件体外侧	 DATA 2
5 设置引脚新参数项	方法 1	当引脚的“Designator”需要和表示引脚电气连线的黑色线段相互垂直时，可将引脚标识符隐藏起来后，单击**A**图标，并修改相关文本属性，最后将相应的注释性文本放置到所需位置	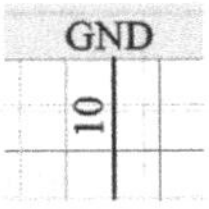 GND 10
	方法 2	当引脚的“Designator”需要和表示引脚电气连线的黑色线段相互垂直时，可在引脚的“Parameters”选项卡中单击“Add”按钮新建注释性参数，在弹出的“Parameter Properties”对话框中根据需要设计注释内容。一般来说，“Name”选区和“Value”选区只设置一个即可。注意，把需要显示的注释内容的“Visible”复选框选中。设置完成后，单击“OK”按钮。设置完成后，记得在“Parameters”选项卡中将新建参数前的复选框选中，否则引脚中不会显示对应内容	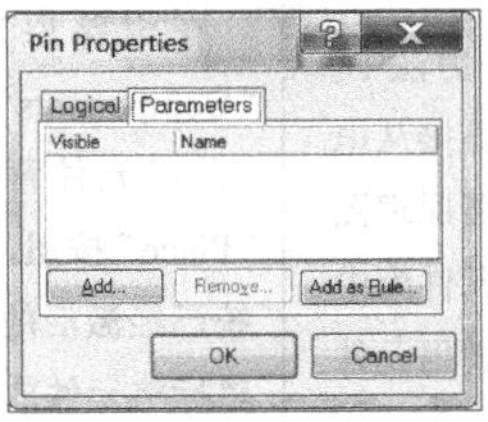 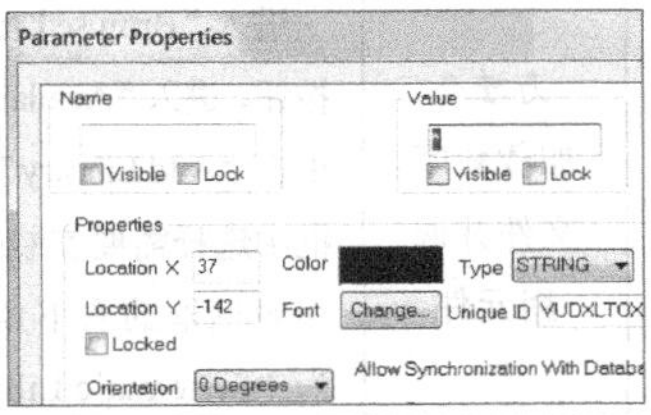

续表

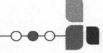

步　骤	操 作 说 明	操 作 示 例
6 修改引脚长度	当引脚长度与元件体大小比例不适宜时，可以根据需要在步骤 2 中调用出的“Pin Properties”对话框中修改引脚长度。在本例中，系统默认引脚长度值为 30mil，通过修改“Pin Properties”对话框中的“Length”数值框中的数值，将引脚长度改为 20mil，整体看上去效果更好一些	

7．保存并调用自制元件

保存并调用自制元件的操作步骤如表 4.8 所示。

表 4.8　保存并调用自制元件的操作步骤

步　骤		操 作 说 明	操 作 示 例
1 保存设计		单击图标或按“Ctrl + S”组合键保存已设计好的元件	
2 调用元件	方法 1 直接从电路原理图元件库中调用元件	在电路原理图元件库编辑器内的“Components”区内选中需要调用的元件（此时元件背景为天蓝色）。然后单击“Place”按钮，系统会自动切换到当前系统已经激活的电路原理图图纸区，利用鼠标将元件放置到图纸中适宜的位置	
	方法 2 加载新库文件并调用元件	进入“Browse Libraries”对话框，单击···按钮，进入“Available Libraries”对话框后，单击“Add Library”按钮，在“打开”对话框中选择需要安装的库文件所在文件夹并在对话框的右下角将打开文件类型修改为“Schematic Libraries（*.SCHLIB）”。	（接下页）

续表

步　骤		操 作 说 明	操 作 示 例
2 调用元件	方法 2 加载新库文件并调用元件	最后单击需要加载的库文件即可将新元件库加载到系统中。元件的调用方法可参考项目 2 中的表 2.3	Available Libraries Project / Installed / Search Path Project Libraries / Path / Type Move Up / Move Down / Add Library... 2 打开 TF卡接口电路设计 3 Integrated Libraries (*.INTLIB) Integrated Libraries (*.INTLIB) 4 Schematic Libraries (*.SCHLIB) Database Libraries (*.DBLIB)

8．更新自制元件

将自制元件放置到电路原理图中后，与图纸大小或图中的其他元件对比，自制元件的尺寸、注释文字或其他方面可能有不适宜的地方，此时，可直接在电路原理图元件库编辑器内重新调整尺寸，然后利用更新命令将电路原理图中的自制元件不适宜的地方一并调整过来，具体的操作步骤如表 4.9 所示。这种方法尤其适合图纸中有两处以上同种元件需要修改的情况。另外，由于该元件的实际封装为异形封装，故该元件对应的封装制作将在后续的项目 7 中介绍。

表 4.9　更新自制元件的操作步骤

步　骤	操 作 说 明	操 作 示 例
1 确定待修改部分	当将元件放置在电路原理图中后发现元件有不合适的地方需要修改时，可以先确定需要修改的部分有哪些，如右图中，10～13 号引脚的显示名称不便于查看，可以将其调整为字头朝上的形式	J1 1 DATA2 2 DATA3 3 CMD 4 SDVCC 5 SCK 6 GND 7 DATA0 8 DATA1 9 CD GND GND GND GND 10 11 12 13
2 修改元件属性	在电路原理图元件库编辑器内的元件区中选择需要修改的元件（此时元件背景为天蓝色），系统会在编辑区自动显示对应的元件。按照【任务实施】中自制电路原理图元件的步骤 5 和步骤 6 修改元件对应属性	Pin Properties Logical / Parameters Display Name　Visible Designator　10　Visible Electrical Type　Passive

续表

步　骤	操 作 说 明	操 作 示 例
3 更新元件	右击待更新的元件（此时元件背景为天蓝色），在弹出的快捷菜单中选择“Update Schematic Sheets”命令，在弹出的“Information”对话框中，系统会说明在几张图纸中有几个同类元件需要更新，此时只需要单击“OK”即可	Header 2　Header, 2-Pin J2 US J3 US LED0 Select all Update Schematic Sheets Model Manager Information Updated 2 components in 2Schematic Documents OK
4 检查元件	在电路原理图图纸中核对更新的元件是否已达到设计要求。若已达到，则可进行后续设计；若还有需要改进的地方，则可按照前面的步骤1～3进行修改，直到符合要求为止	J1 1 DATA2 2 DATA3 3 CMD 4 SDVCC 5 SCK 6 GND 7 DATA0 8 DATA1 9 CD 10 GND　11 GND　12 GND　13 GND J1 1 DATA2 2 DATA3 3 CMD 4 SDVCC 5 SCK 6 GND 7 DATA0 8 DATA1 9 CD 10 GND　11 GND　12 GND　13 GND

待图 4.2 中需要的元件均已放置好后，可以按照图 4.2 进行布局和电气连线。以上步骤完成后，还需要调用网络标签并将其正确放置到电路原理图中。

网络标签具有电气连接特性。所谓网络标签，就是电气节点，可以利用“Schematic Standard”工具栏中的工具，将两个或两个以上没有相互连接的网络的网络标签放置到导线上，再将其命名为同一个网络标号，使它们在电气意义上属于同一个网络。具有相同网络标签的电源、引脚和导线等在电气意义上是相连的。

在一些复杂应用（如层次电路或多重式电路中各个模块电路之间的连接）中，直接使用导线连接的方式，会使图纸显得杂乱无章，使用网络标号则可以使图纸清晰易读，这对于利用网络表进行 PCB 自动布线是非常重要的。

使用网络标签的操作步骤如表 4.10 所示。

表 4.10 使用网络标签的操作步骤

步　骤	操 作 说 明	操 作 示 例
1 调用网络标签	在“Schematic Standard”工具栏中单击“Place Net Label”工具，调用网络标签	Place Net Label
2 修改网络标签属性	在将网络标签调出并放置在图纸上对应的导线前之前，单击“Tab”键调用“Net Label”对话框。在该对话框中可以修改以下属性。 “Color”：网络标签显示的颜色。 “Location”：网络标签上的精确位置，一般可通过单击进行定位。 “Orientation”：网络标签的角度。 “Net”：网络标签需要显示的文字。 “Font”：网络标签的字体属性，单击“Change”按钮即可修改	Net Label Net Color Location X 278 Orientation Properties 0 Degrees Y 251 Net NetLabel1 Font Change... Locked OK Cancel
3 放置网络标签	放置网络标签时，必须将网络标签的电气端（右图中圆圈所圈住的灰色“×”标记）放置到电线上	SD CMD
4 检查网络标签	网络标签放置完成之后，应检查电线上网络标签对应的电气端是否有■标记（右图圆圈所圈住的部分）。若有，表示已经正确放置好网络标签；若没有，则表示还未放置好网络标签，需要重新放置	SD CMD

【经验分享】

Q1：表 4.1 中的两种创建 SchLib 文件的方法有何不同？

A1：主要有两点区别，一是创建方法不同，采用方法 1 创建 SchLib 文件不需要打开电路原理图文件；采用方法 2 创建 SchLib 文件不仅需要打开电路原理图文件，而且需要电路原理图文件处于被编辑状态。二是采用两种方法创建 SchLib 文件后库文件内

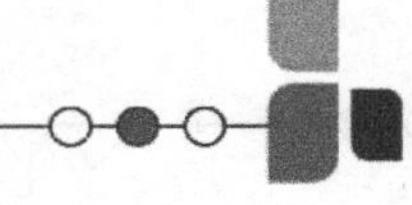

自带的信息不同，采用方法 1 创建 SchLib 文件后，库文件内仅有一个默认名为"Component_1"的空元件；采用方法 2 创建 SchLib 文件后，若电路原理图中已有若干元件，则库文件内会将电路原理图中所涉及元件的编辑信息一并呈现出来。

Q2：设计电路原理图元件时，是否需要在电路原理图元件库编辑器中将元件所有默认属性均设置好？

A2：不需要。由于同一张电路原理图中可能包含不止一个同名的元件，而这些元件在实际使用时属性并不相同，比如同样是 RES1，但彼此阻值、封装形式和放置角度等并不相同。换句话说，在电路原理图元件库编辑器中对元件属性进行编辑属于群体编辑方式，在电路原理图中对元件属性进行编辑属于个体编辑方式（全局修改方式是一种应用较少的方式），考虑到实际设计中元件属性可能千差万别，因此，在电路原理图元件库编辑器中对元件的属性进行编辑更为常用和合理。

Q3：电路原理图中的栅格形式是否可以更改？如果可以更改，那么如何进行更改？

A3：可以参考表 4.3 中所示方法进入栅格设置选项，单击"Visible Grid"下拉列表，可在"Line Grid"和"Dot Grid"两种方式之间进行切换，如图 4.5 所示。

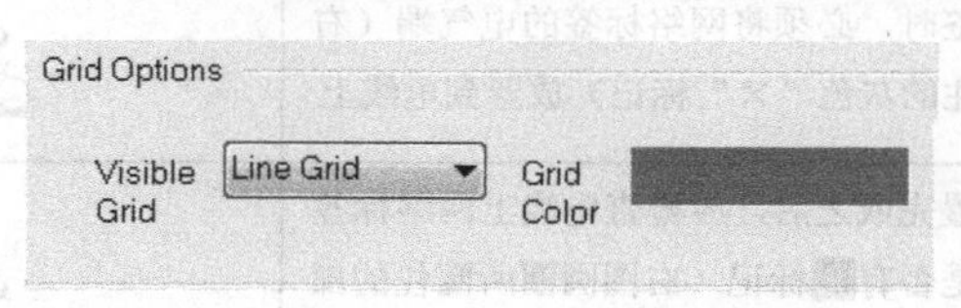

图 4.5　电路原理图的栅格选项

Q4：制作电路原理图元件时，元件轮廓如何确定？

A4：由于元件体是对元件信息的简单描述，故元件的轮廓不需要十分精确，只要保证能合理排布元件引脚，且放置到电路原理图上时尺寸大小适宜即可。

Q5：制作电路原理图元件时，引脚的标识符该如何设定？

A5：标识符的实质是引脚编号，因此在某个元件中，标识符不得出现重名的情况，否则系统在后续对电路原理图进行编译或由电路原理图向 PCB 板图更新时会发生错误。集成电路的引脚有约定的编号方法（请参阅对应集成电路的 DATASHEET），但对于分立元件（如电阻、电容、三极管和变压器等）而言则不存在这个问题。虽然在引脚编号框中可以输入包括文本在内的各种编号，但是正确合理的做法应该是输入连续的自然数。

Q6：如果对元件引脚的电气属性不熟悉怎么办？

A6：在对元件各引脚类型熟悉的情况下，可以进行设置，以丰富该元件的有关信息。如果对元件引脚的电气属性不熟悉，也可以采用默认值而不做任何更改，并不用为此感到担心。

Q7：引脚属性对话框中的“Symbols”（符号）选区涉及的内容主要有哪些？

A7：引脚属性对话框中的“Symbols”（符号）选区包含 4 个选项，分别为“Inside”（内部）、“Inside Edge”（内部边缘）、“Outside Edge”（外部边缘）和“Outside”（外部）。每个选项又包含多个与此位置关联的引脚属性选项，所有选项在 IEEE 符号工具面板中都有，可以更为方便地对元件引脚的一些属性进行设置。当选择某个符号选项后，相应的图标立即出现在该引脚的附近。

Q8：引脚属性对话框中的“Description”（描述）一栏不会填写，怎么办？

A8：“Description”（描述）一栏用于填写描述该引脚的一些重要的或必要的信息。事实上，填写或不填写都无关紧要，并不会对元件的使用或引脚的性质带来任何影响。

Q9：打开元件的引脚属性对话框有哪些常用方法？

A9：元件的引脚属性对话框可以通过双击引脚列表框或在编辑区双击待编辑引脚打开，当然这样操作的前提是当前的元件不是尚无引脚的空白元件。

Q10：按照表 4.7 中步骤 5 方法 2 添加与引脚垂直的注释内容时，为什么编辑界面中却没有显示注释内容呢？

A10：出现上述情况，可能的原因有以下几种：一是创建参数时，未勾选注释内容对应的“Visible”复选框，如图 4.6 所示。二是未在“Parameters”选项卡中勾选已建好的参数对应的“Visible”复选框，如图 4.7 所示。三是以上两处的复选框均未勾选。

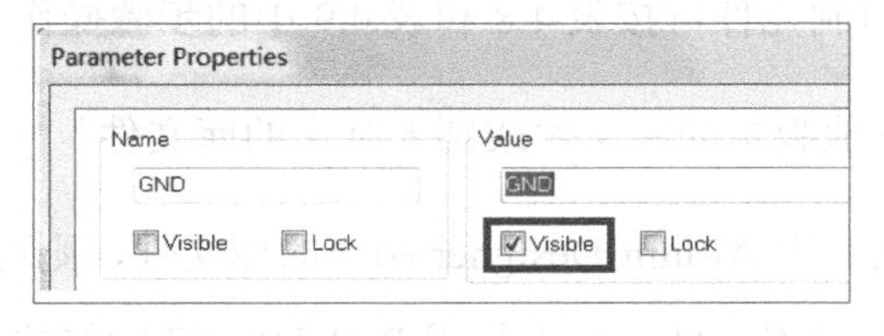

图 4.6　引脚参数异常显示时的有关选项

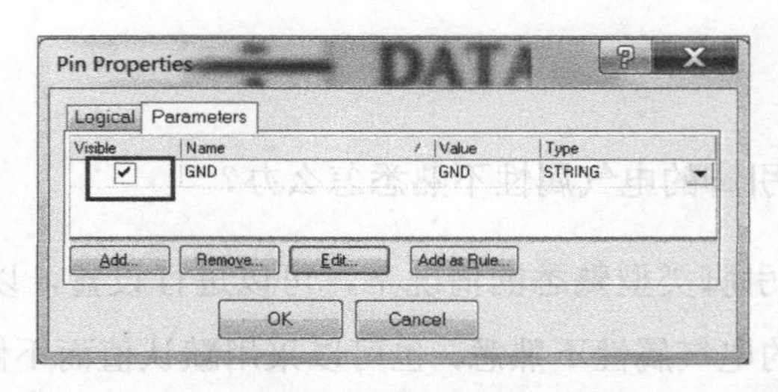

图 4.7 引脚参数异常显示时的有关选项

Q11：按照表 4.1 中步骤 1 方法 2 进行操作时，出现如图 4.8 所示的对话框该怎么办？

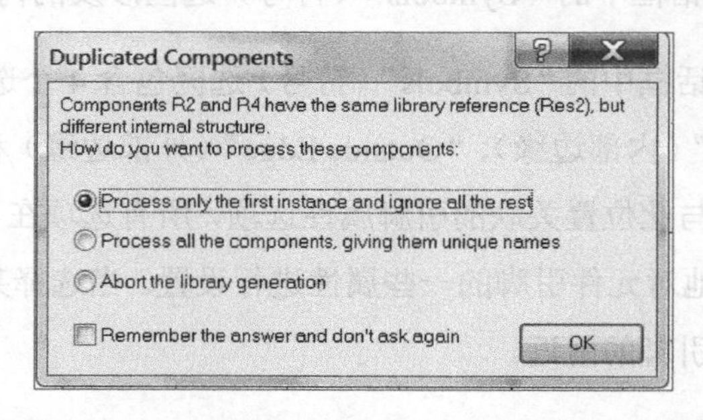

图 4.8 创建电路原理图元件库文件时出现重名元件

A11：按照表 4.1 中步骤 1 方法 2 创建电路原理图元件库文件时，若在当前激活状态的电路原理图中，某类元件有两个以上时，可能会出现如图 4.8 所示的提示对话框。三个单选项的含义分别是：仅处理第一个元件；处理所有元件并对每个元件单独命名；终止本次操作。一般情况下，选择第一个单选项即可。如果希望后续类似情况均按此操作，则将下面的复选框勾选上即可。

Q12：可否利用已有的电路原理图元件库设计新元件？

A12：可以。设计中常常会遇到这种情况：在电路原理图元件库中可以找到所需元件的电气符号，但该电气符号不能完全满足设计人员绘制图纸的意图，重新制作又耗时费力，这时，对该元件的电气符号进行修改是解决这一问题的常用方法。注意，对原有元件进行修改后，最好将该元件重新命名以和原先的元件有所区别，调用的时候也更方便一些。保存和更新自制元件可按表 4.8 和表 4.9 中的步骤操作。

Q13：能否导入其他版本的库文件或别人制作的库文件？

A13：可以。如果是用 Altium Designer 制作的库文件，则可以按照表 4.8 中步骤 2 方法 2 加载新库文件并调用元件。如果是用 Protel 99 SE 制作的库文件，则可以按以下两种方法进行操作。

1）用 Protel 99 SE 将库文件导出

假如用 Altium Designer 设计并需要使用 Intel 公司的单片机 87C51，Altium Designer 的元件库中并没有这个元件，但 Protel 99 SE 的 Intel Databooks 数据库中有。使用前需要将这个数据库中的库文件导出，可以选择单个导出，也可以选择批量导出。实现批量导出的操作步骤如下。

（1）启动 Protel 99 SE。

（2）打开 Protel 99 SE 安装目录下的 Intel Databooks 数据库文件。

（3）在设计工作区，系统列出了 Intel Databooks 包含的全部库文件。选择全部扩展名为.lib 的库文件后右击，系统弹出快捷菜单，如图 4.9 所示。

（4）选择“Export”（导出）命令，系统提示选择导出位置。假设已经在 Altium Designer 安装盘的\Program Files\Altium Designer\Library 目录下建立了名为 Intel Databooks（99SE）的子目录，如图 4.10 所示。

图 4.9　弹出的快捷菜单

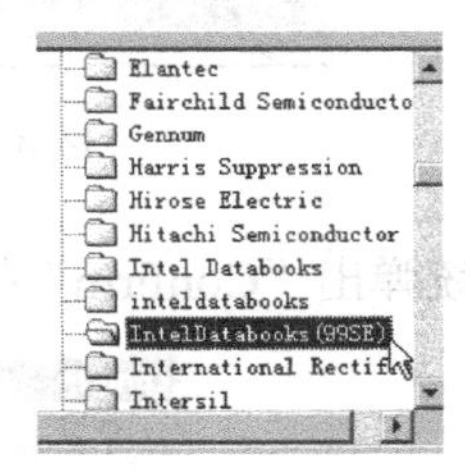

图 4.10　选择 Intel Databooks（99SE）子目录

（5）双击“Intel Databooks（99SE）”后单击“保存”按钮。完成导出后的文件为.lib 格式的，其可以被 Altium Designer 使用。导出后的文件及其格式如图 4.11 所示。

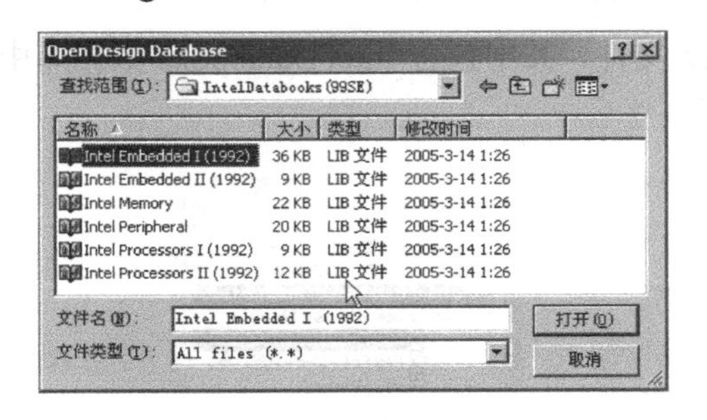

图 4.11　导出后的文件及其格式

2）用 Altium Designer 实现导出及转换

如果想不安装 Protel 99 SE 而使用 Protel 99 SE 的元件库，可以先安装 Protel 99 SE，然后将其元件库复制到其他地方，再卸载 Protel 99 SE。之后利用 Altium Designer 的文件导出及转换功能，可以达到使用 Protel 99 SE 的元件库的目的。用 Altium Designer 实现文件导出和转换的步骤如下。

（1）启动 Altium Designer。

（2）选择欲导出的 Protel 99 SE 的库文件。这里仍以 Intel Databooks 为例。在 Protel 99 SE 的电路原理图元件库文件目录下，找到该文件并双击，如图 4.12 所示。

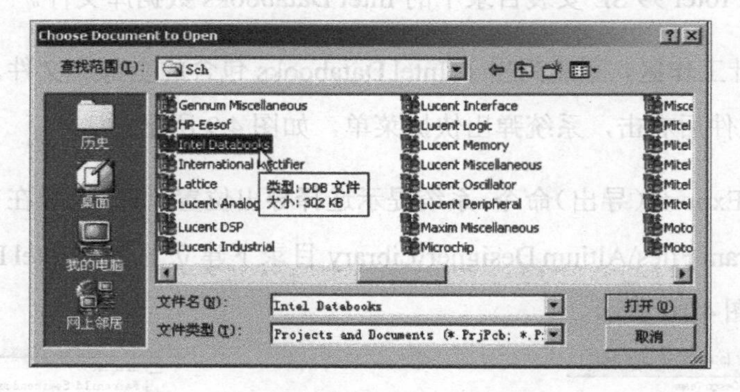

图 4.12　双击“Intel Databooks”文件

（3）系统弹出“Confirm”提示框，单击“Yes”按钮，如图 4.13 所示。

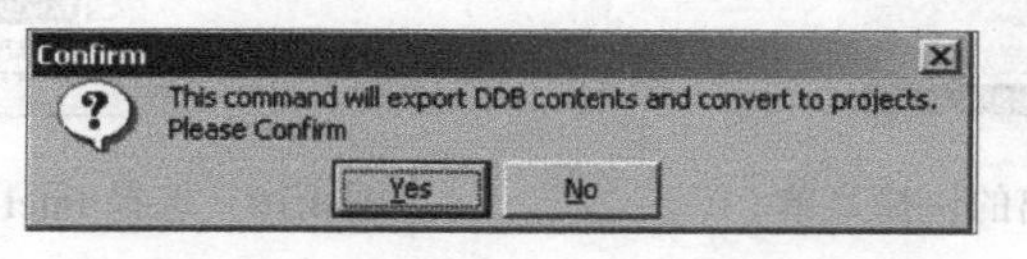

图 4.13　“Confirm”提示框

（4）系统执行导出及转换命令。执行后生成 Intel Databooks.LIBPKG（LIBPKG 即 Library Package，库包）文件，其中包含 Intel Databooks 数据库中所有的.lib 格式的库文件，如图 4.14 所示。

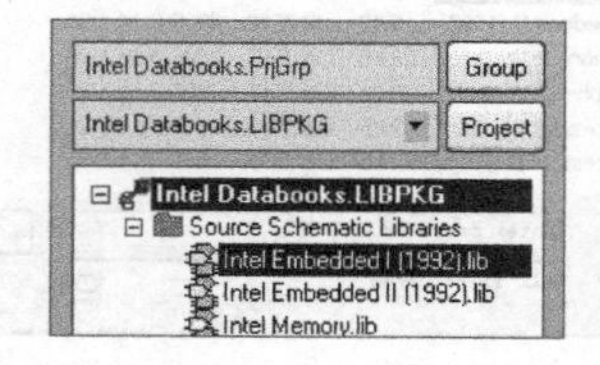

图 4.14　导出及转换后生成的库包文件

系统会自动新建一个与 Intel Databooks 在同一路径下的文件夹，默认名为 Intel Databooks，其中包含了以上所述的所有库文件。如果需要的话，可以将该文件夹复制到 Altium Designer 安装目录下的适当位置。系统自动生成的文件夹如图 4.15 所示。

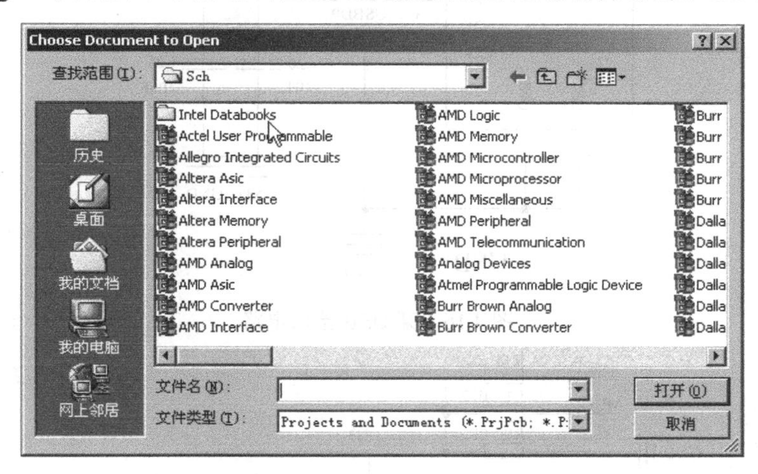

图 4.15 系统自动生成的文件夹

Q14：在 Altium Designer 中如何在引脚字母上输入横线？

A14：输入时在字母后加上反斜杠即可，如 R\D\。

【项目进阶】

通过学习本项目，可以初步掌握自制集成电路原理图元件的方法。如果想进一步巩固所学知识，可以尝试完成如图 4.16、图 4.17、图 4.18 和图 4.19 所示电路原理图绘制和如图 4.20、图 4.21 所示集成电路的自制。

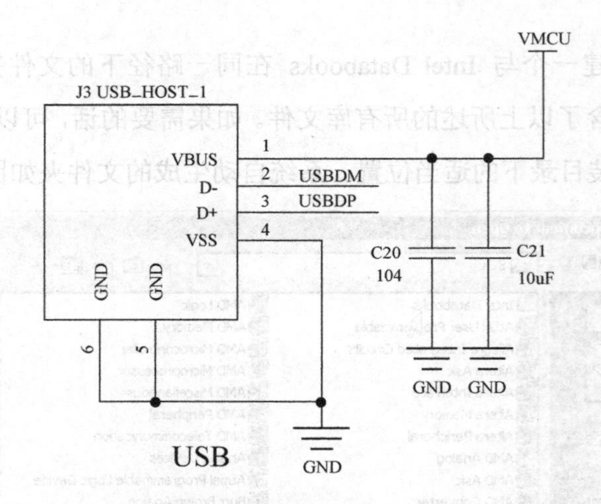

图 4.16　某 USB 接口电路

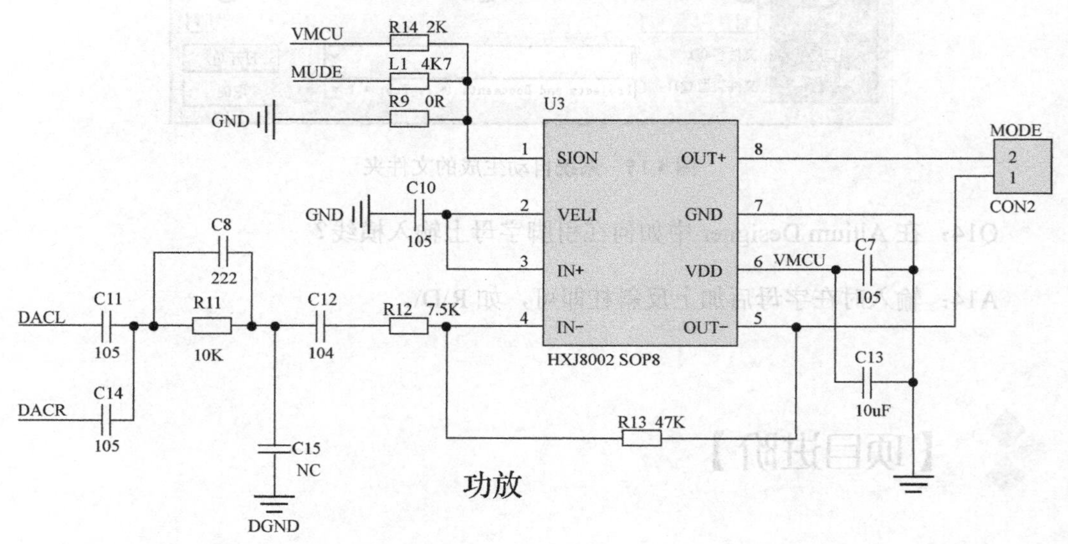

图 4.17　某功放电路

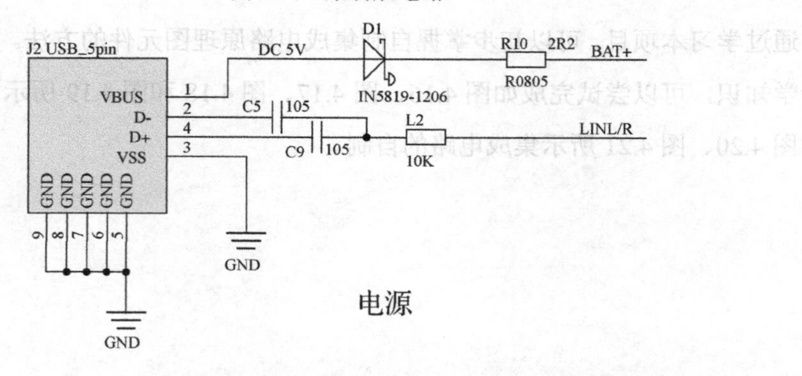

图 4.18　某 USB 电源电路

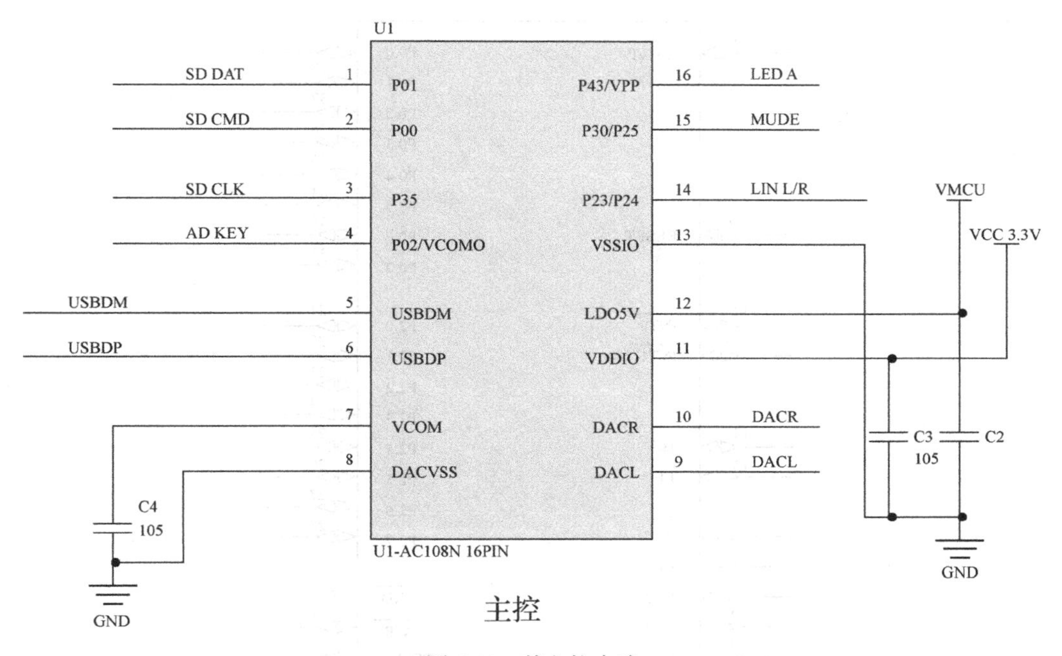

图 4.19　某主控电路

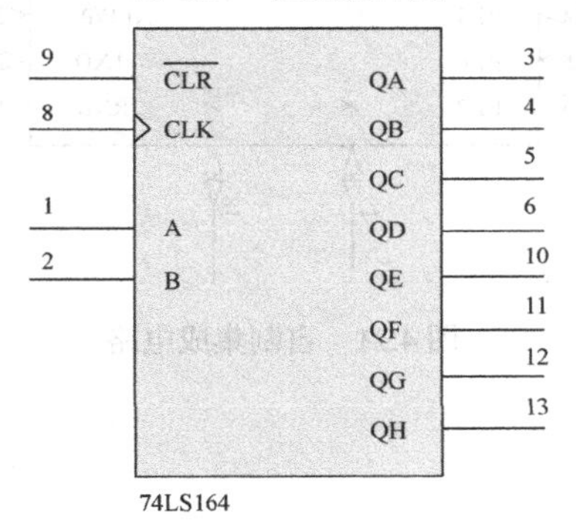

图 4.20　74LS164 集成电路

74LS164 的第 14 个引脚为 VCC，第 7 个引脚为 GND，这两个引脚需要隐藏处理。

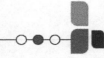

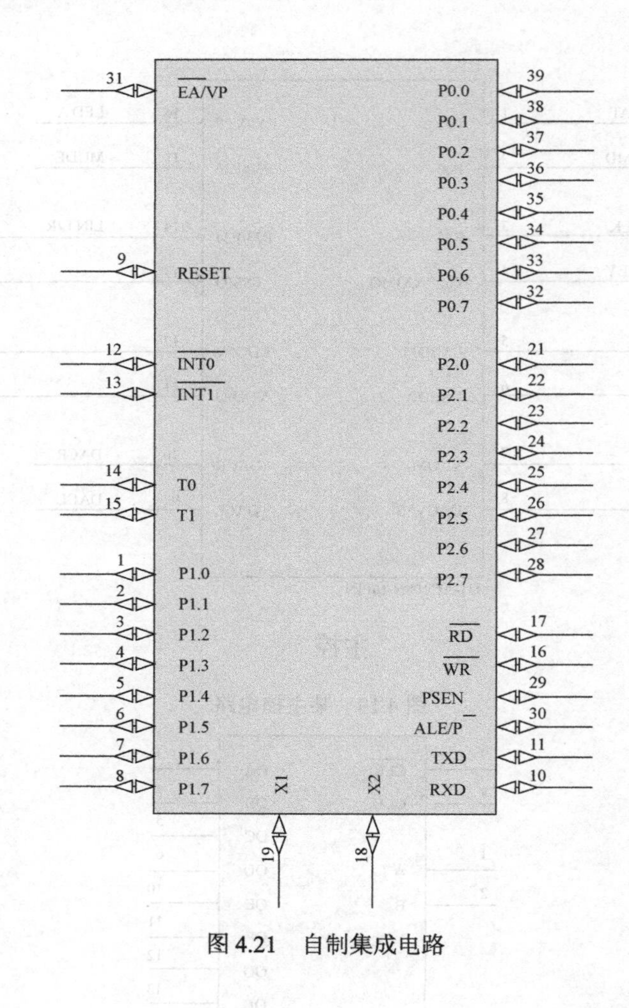
31
EA/VP
9
RESET
12
INT0
13
INT1
14
T0
15
T1
1
P1.0
2
P1.1
3
P1.2
4
P1.3
5
P1.4
6
P1.5
7
P1.6
8
P1.7
X1
19
X2
18
39
P0.0
38
P0.1
37
P0.2
36
P0.3
35
P0.4
34
P0.5
33
P0.6
32
P0.7
21
P2.0
22
P2.1
23
P2.2
24
P2.3
25
P2.4
26
P2.5
27
P2.6
28
P2.7
17
RD
16
WR
29
PSEN
30
ALE/P
11
TXD
10
RXD

图 4.21　自制集成电路

项目 5

原来这是可以自制的（2）：三人表决器设计

【项目资料】

很多集成电路内部不只集成了一个模块，如 74LS08、LM324、LM339 等，在一个集成电路内可以集成 2 个、4 个、6 个或更多个相同的单元，这样当电路中需要多个单元时就可以采用这种多单元元件来优化 PCB 的面积、成本等。多单元元件的使用为电路原理图的绘制过程带来很大方便。一个集成电路中集成了多个相同或类似的单元，而这些单元在使用的时候却可执行不同的功能，在系统中占据不同的位置，因此，将多个单元分开绘图就显得更加清晰、直观。当然，这种方法只能为电路原理图带来这种效果，绘制 PCB 板图的时候整个集成电路仍是要画在一起的，并不能为 PCB 板图的布局、布线带来优化。

三人表决器电路原理图如图 5.1 所示，三位评委各控制三个按钮 S1、S2、S3 中的一个，按下按钮为“1”表示赞成，不按按钮为“0”表示不赞成，以少数服从多数的原则表决事件，表决结果用指示灯来表示，如果多数人赞成则为通过，DS 灯亮；反之，则为不通过，DS 灯不亮。

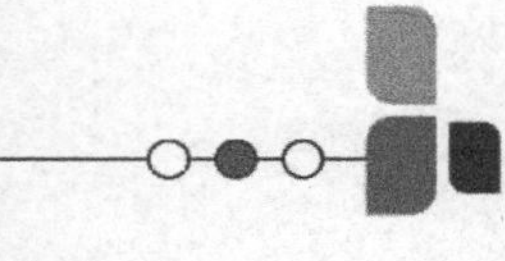

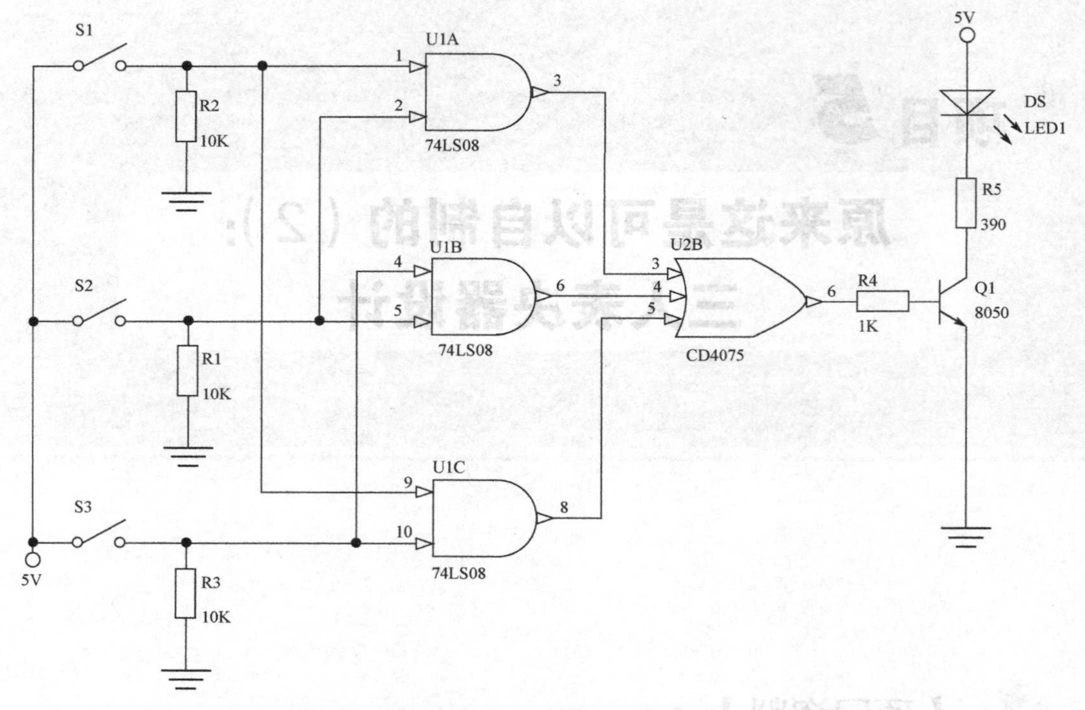

图 5.1　三人表决器电路原理图

通过观察图 5.1 不难发现，该电路原理图中用于表决结果输入的 U1A、U1B 和 U1C 三个单元，对应的电路功能完全相同。事实上，这三个单元均属于 74LS08 这个集成电路的一部分。74LS08 为二输入四与门集成电路，其引脚图及实物图如图 5.2 所示。

图 5.2　74LS08 的引脚图及实物图

此外，图 5.1 中所用的 CD4075 是一种三输入三或门集成电路，其引脚图及实物图如图 5.3 所示。

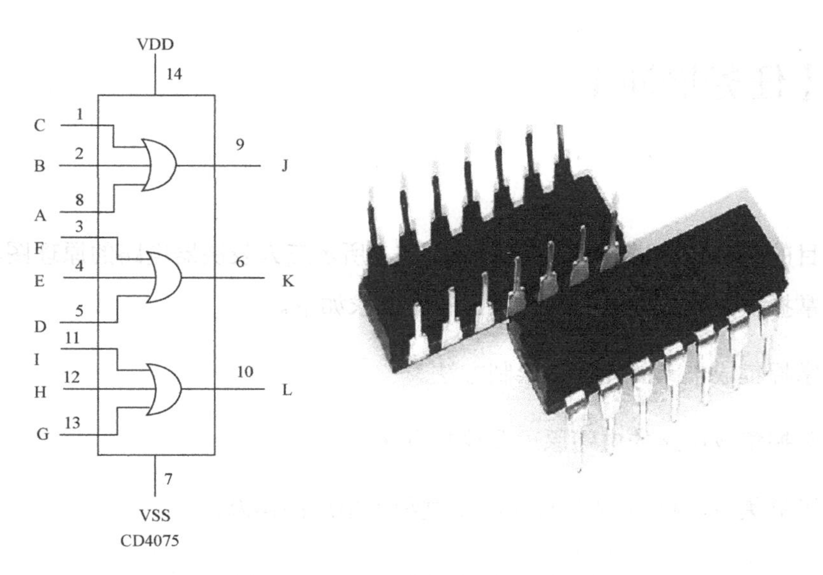

图 5.3　CD4075 的引脚图及实物图

电路设计中使用到的 74LS08 和 CD4705 这两种集成电路均包含多个具有独立功能的部分，这些部分可以独立地被放置在电路原理图上的任意位置。为了设计方便，多个相同功能部分共享一个元件封装。如果一个电路原理图中只用了一个功能部分，在设计 PCB 时只用了一个元件封装，则闲置了其他功能部分；如果一个电路原理图中用了多个功能部分，在设计 PCB 时依然只用一个元件封装，则没有闲置功能部分。采用将元件按照独立功能模块进行描绘的方式绘制出的电路原理图，相应的电路原理结构更加清晰、准确。三人表决器电路 PCB 板图如图 5.4 所示。

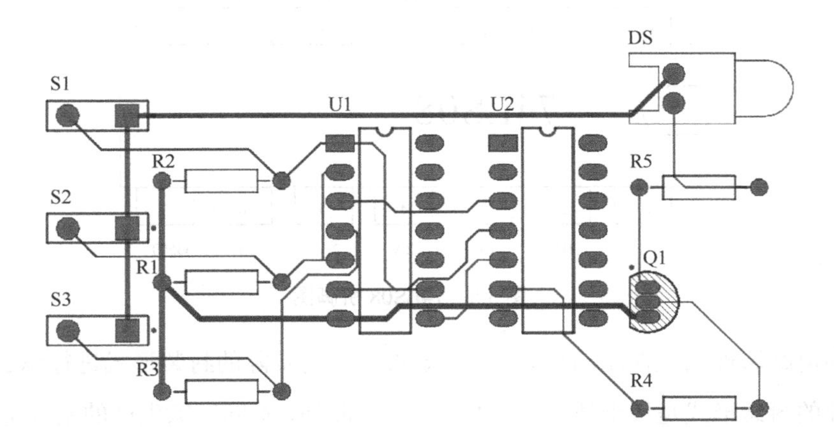

图 5.4　三人表决器电路 PCB 板图

【任务描述】

本项目的任务是通过完成如图 5.1 和图 5.4 所示三人表决器电路的原理图与 PCB 板图设计，掌握多单元元件的处理方法，基本要求如下。

（1）掌握集成电路的元件图绘制方法。

（2）掌握集成电路的电路原理图绘制方法。

（3）了解集成电路的 PCB 板图绘制过程中出现的问题。

【任务分析】

设计集成电路的元件图时，需要根据该集成电路的逻辑图、实物封装、引脚图及电气参数进行设计。例如，74LS08 这个集成电路的逻辑图、实物封装及引脚图可分别参照图 5.2 和图 5.5 来进行自制，详细操作步骤见【任务实施】部分。

图 5.5　74LS08 引脚图

在为电路原理图元件添加封装时，需要根据实物实际的封装形式进行添加，如要区分该元件的封装形式是属于插件式还是贴片式。此外，不同厂家生产的集成电路的机械尺寸有可能是不同的，在设计的时候需要特别注意。

多单元元件的制作、电路原理图的绘制及 PCB 板图的绘制，都有一定的特点。在电路原理图中，多单元元件的各个子单元需要一一单独绘制，并为其设置相应的属性参数。但将其更新到 PCB 板图时，多单元元件的多个子单元只需共用一个元件封装即可。初学者在绘制电路原理图时常会忽略这一点，导致每次都调用不同多单元元件的某个子单元，最后更新到 PCB 板图文件时，出现多个 PCB 封装，造成严重的板面浪费。

【任务实施】

图 5.1 的绘制难点主要在于 74LS08 和 CD4075 这两个集成电路的原理图元件的制作。由于这两个集成电路的原理图元件的制作方法相同，故本项目以 74LS08 集成电路为例，说明集成电路的原理图元件是如何设计、制作的。

（1）新建电路原理图元件库文件并添加新元件，将新元件命名为 74LS08，具体操作步骤如表 4.4 所示。

（2）在电路原理图元件库编辑界面绘制第 1 单元所属的图形轮廓和引脚，并设置好相关参数。在此基础上，依次单击“Tool”→“New Part”，添加其他子部分并做好相关轮廓、引脚和属性参数设置，具体操作步骤如表 5.1 所示。

（3）在完成前面两步后，可以参考表 5.2 中的步骤完成图 5.1 的绘制。

（4）通过合理的布线规则设置，完成图 5.4 的设计，具体操作步骤如表 5.3 所示。其中，与布线有关的规则将在项目 8 中详细介绍，本项目仅介绍与图 5.4 有关的布线宽度设置。

为了提高电路的抗干扰能力，增强系统的可靠性，往往需要将 PCB 上的电源线与地线加宽，这一点在模拟电路或数字/模拟混合电路中尤为重要。一般要将电源线与地线的宽度增加到普通信号线宽度的 3 倍以上，对于一些电流较大的线路，为了减小导线电阻往往也需要对电源线和地线进行加宽。通常在布线前制定 PCB 布线规则时把电源线与地线加宽。

表 5.1　74LS08 和CD4075 元件图绘制步骤

步　骤	操 作 说 明	操 作 示 例
1 添加 新元件	在电路原理图元件库中添加新元件，并将其命名为“74LS08”（详细操作步骤见表 4.4）	DXP File Edit View Project Place Tools Reports Window Help SCH Library Components / Description 74LS08 Place Add Delete Edit Aliases Home 三路表决器.SchDoc sanlu.SchLib New Component Name 74LS08 OK
2 第 1 单元所属的圆形轮廓的建立	元件体由若干线段和圆角组成。绘制相关线段前，先设定好图纸原点：依次单击“Edit” →“Jump”→“Origin”，使元件原点在编辑页面的中心位置，同时确保栅格可见（快捷键为“PgUp”）。 确定好图纸原点后，按表 4.3 中的方法，将栅格值修改为 1，随后绘制好第 1 单元轮廓。	(0,–5)　(25,–5) (0,–35)　(25,–35) 绘制线段： （1）依次单击“Place”→“Place Line”（快捷键为“P”→“L”），光标变为十字准线，进入折线放置模式。 （2）按“Tab”键设置“ Line”属性，在“Polyline”对话框中设置“Line Width”为 Small，“Color”为蓝色。 （3）参考状态显示条左侧的 X、Y 坐标值，将光标移动到(25,–5)的位置，按“Enter”键选定线段起始点，之后单击各分点位置从而分别画出各条线段［单击位置分别为(0,–5)、(0,–35)、(25,–35)］，确定好元件体第一单元范围。 绘制圆弧： 放置圆弧需要设置 4 个参数，即 Location、Radius、Start Angle、End Angle（放置圆弧时可以用按“Enter”键代替单击）。 （1）依次单击“Place”→“Place Elliptical Arc”，光标处显示最近所绘制的圆弧，进入圆弧绘制模式。

续表

步骤	操作说明	操作示例
2 第1单元所属的圆形轮廓的建立	其中，线段部分的轮廓绘制主要使用绘制直线命令，圆弧部分的轮廓绘制主要使用绘制椭圆弧命令，详细操作步骤见右侧操作示例	（2）按“Tab”键弹出“Elliptical Arc”对话框，将“X-Radius”的值和“Y-Radius”的值均设置为15，“Start Angle”的值设置为270，“End Angle”的值设置为90，“Line Width”设置为Small，“Color”设置为与折线相同的颜色。 （3）将光标移动到(25,-20)的位置，按“Enter”键或单击选定圆弧的“Location”，无须移动鼠标，光标会根据在“Elliptical Arc”对话框中设置的“X-Radius”的值和“Y-Radius”的值自动跳转到正确的位置，按“Enter”键确认“X-Radius”和“Y-Radius”的设置。 （4）将光标移动到“Start Angle”上，按“Enter”键确定圆弧的“Start Angle”，此时光标跳转到圆弧的“End Angle”上，再按“Enter”键确定圆弧的“End Angle”。 （5）右击或按“Esc”键退出“Elliptical Arc”对话框 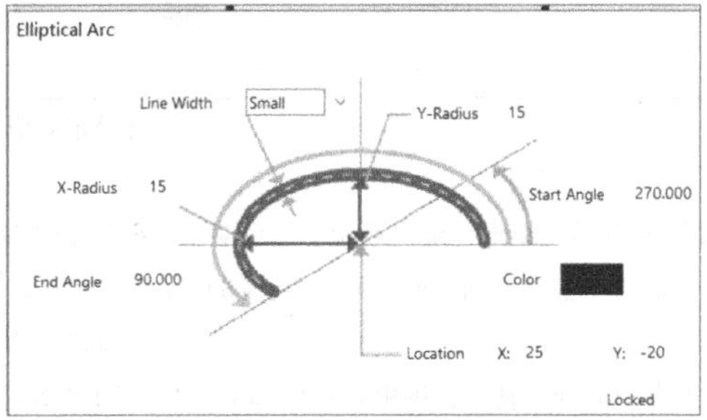 Elliptical Arc Line Width Small Y-Radius 15 X-Radius 15 Start Angle 270.000 End Angle 90.000 Color Location X: 25 Y: -20 Locked
3 添加元件引脚	参照表4.7中的步骤调用元件引脚。 本例中主要设置的参数包括引脚的标识符、显示名称、电气类型和引脚长度，具体操作步骤见右侧操作示例	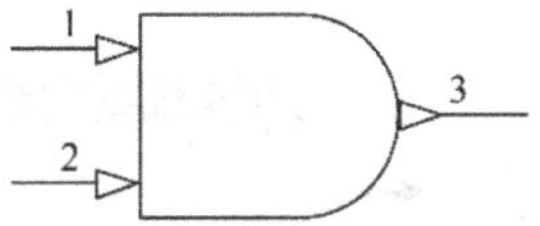 1 2 3 （1）各引脚“Designator”见上图。 （2）在引脚1的“Display Name”处输入A1，取消显示（取消勾选“Visible”复选框），将其“Electrical Type”设置为Input。在引脚2的“Display Name”处输入B1，取消显示，将其“Electrical Type”设置为Input。在引脚3的“Display Name”处输入Y1，取消显示，将其“Electrical Type”设置为Output。 （3）所有引脚长度值均设置为20

续表

步　骤	操作说明	操作示例
4 设计元件其余单元	设计好第 1 单元（Part A）后，第 2 单元（Part B）的设计步骤见右侧操作示例。 第 3 单元（Part C）和第 4 单元（Part D）的设计步骤与第 2 单元的相同	创建 Part B 并修改相关属性： （1）依次单击“Tool”→“New Part”，此时“SCH Library”面板的“Components”列表中的“74LS08”文件下出现 Part A 和 Part B 两个部件。 （2）执行“Copy”命令，复制 Part A 部分的所有元件，并以原点为所有复制元件的基准点。 （3）选择 Part B，执行“Paste”命令，以原点为基准点，将复制的元件粘贴到 Part B 所在编辑页面的对应位置。 （4）对 Part B 的引脚编号逐个进行修改
5 添加电源接地引脚	74LS08 共有 14 个引脚，前面完成的 4 个单元共有 12 个引脚，还剩 VCC 和 GND 两个引脚没有设计。相关操作及设计参数见右侧操作示例，其中画圆圈的文字为接地引脚参数。注意：“Part Number”数值框中的值应改为 0，这是因为电源和接地引脚是 4 个单元共用的	（1）选中 Part A，为元件添加 VCC（Pin14）和 GND（Pin7）两个引脚，将其“Part Number”设置为 0，在“Electrical Type”下拉列表中选择“Power”选项，勾选“Hide”复选框，在“Connect To”文本框中输入 VCC（或 GND）。 （2）依次单击“View”→“Show Hidden Pins”，以隐藏目标

续表

步　骤	操作说明	操作示例
6 为多单元元件添加封装	由图 5.2 可见，74LS08 实物封装为 DIP-14。 （1）在“SCH Library”面板中单击“Model”列表下的“Add”按钮，弹出“Add New Model”对话框，在“Model Type”下拉列表中选择“Footprint”选项。 （2）在“Footprint Model”选区中，单击“Browse”按钮，选择“DIP-14”，再单击“OK”按钮，则“DIP-14”出现在 Model 列表中	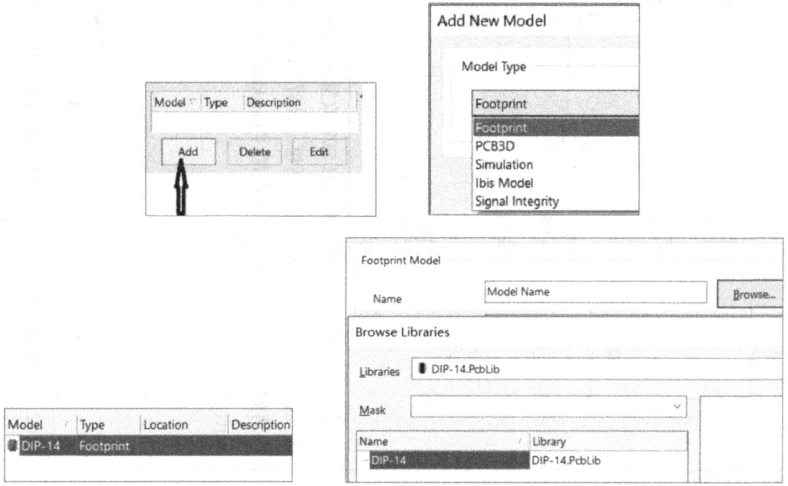
7 设置元件属性	在“SCH Library”面板中的“Components”列表下单击“74LS08”，弹出“Library Component Properties”对话框，在“Description”文本框中输入“二输入四与门”，保存设置	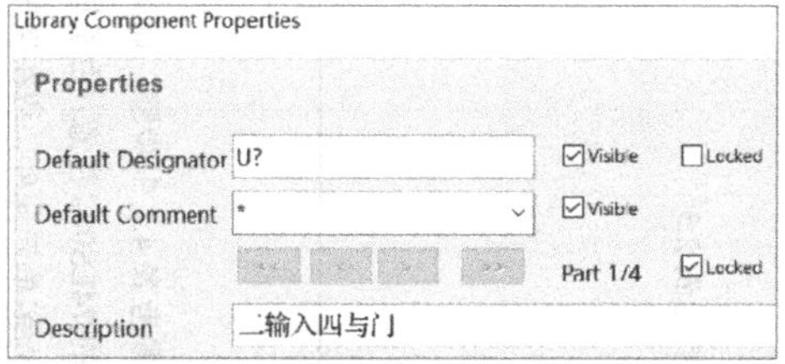
8 CD4075 元件图绘制	绘制步骤同上，注意 CD4075 为三输入三或门集成电路	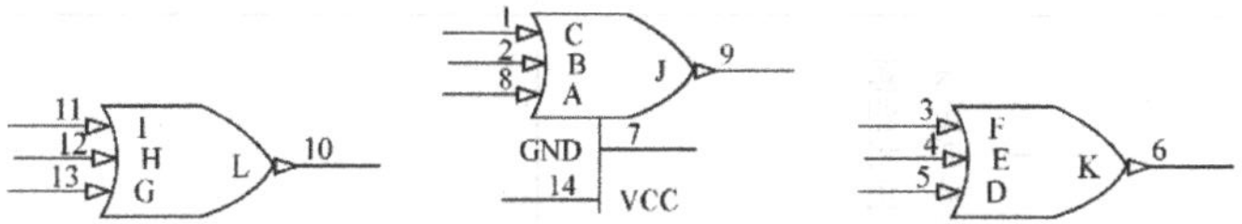

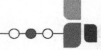

表 5.2　含多单元元件的电路原理图绘制步骤

步　骤	操 作 说 明	操 作 示 例
1 基本电路原理图的绘制	参考表 2.3	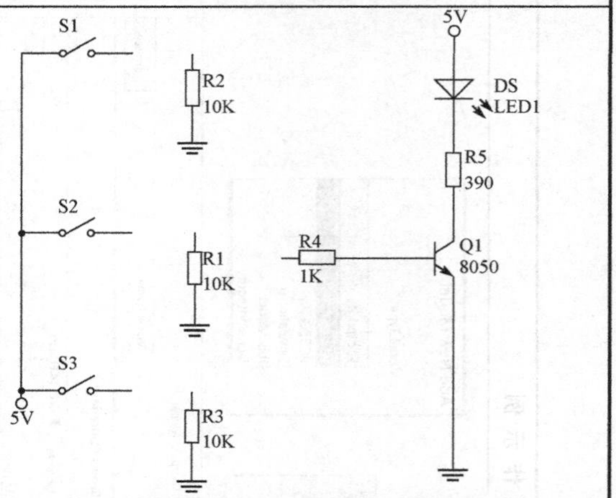
2 74LS08 的参数设置	参考表 4.8 中步骤，调用自制的 74LS08。注意：由于该元件为多单元元件，故在调用该元件子单元时，应从 Part A 开始调用。 在各元件子单元调用完成后，进行相关参数设置，具体操作见右侧操作示例。注意：绘制 U1C 元件的引脚时，需要对元件进行镜向（按“Y”键可以实现上下方向的镜向，按“X”键可以实现左右方向的镜向）	（1）U1A 的参数设置：将 74LS08 放置在电路原理图中，双击元件，弹出“Properties”对话框，设置“Designator”为 U1，取消勾选“Comment”选项中的“Locked”复选框，显示为 Part1/4。 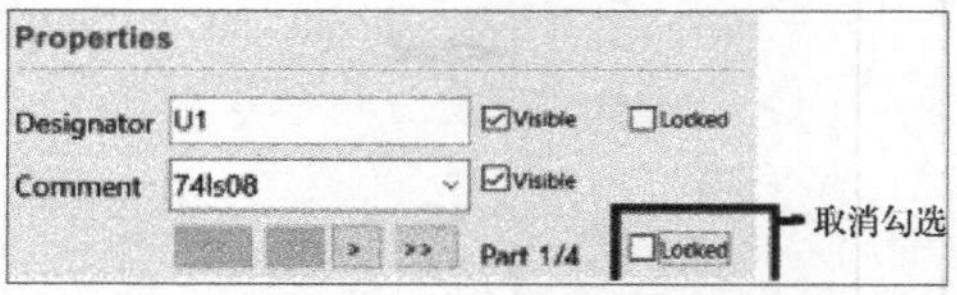 取消勾选 （2）U1B 的参数设置：将 74LS08 放置在电路原理图中，双击元件，弹出“Properties”对话框，设置“Designator”为 U1，取消勾选“Comment”选项中的“Locked”复选框，单击“>”按钮，显示为 Part2/4。 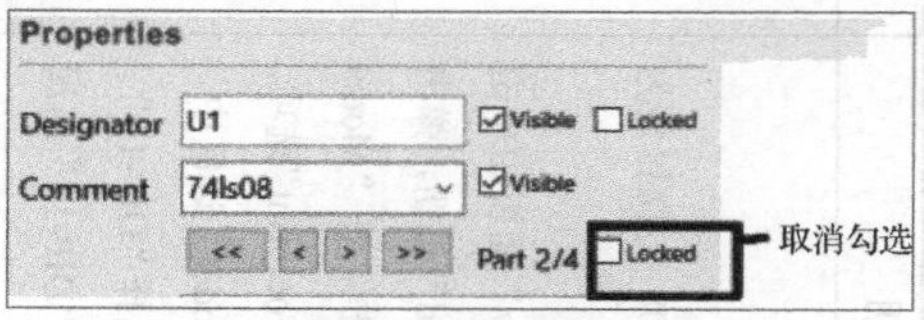 取消勾选 （3）U1C 的参数设置参考前面的设置
3 CD4075 的参数设置	参考 74LS08 的参数设置完成 CD4075 的参数设置，具体参数设置见右侧操作示例	

表 5.3　PCB板图设计步骤

步　骤	操作说明	操作示例
1 新建PCB板图并更新图纸	创建PchDoc文件（见表2.7），设置绘制板框尺寸为3cm×8cm。将电路原理图更新至PCB板图（见表2.8）并合理布局（注意：PCB板图中，仅出现一个U1的封装图和一个U2的封装图）	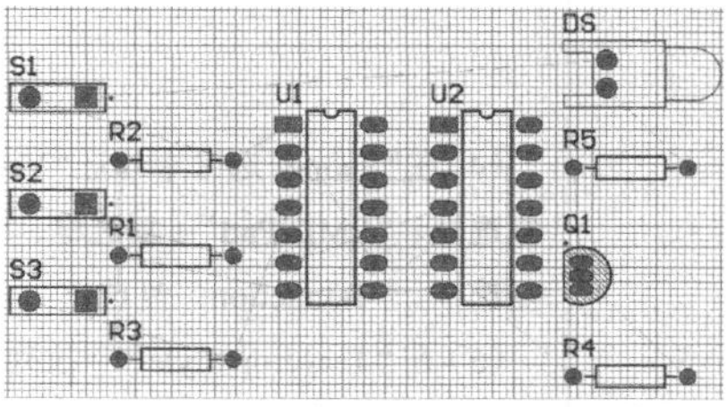 S1 S2 S3 R1 R2 R3 U1 U2 DS R5 Q1 R4
2 修改默认线宽	将默认线宽设置为0.15mm	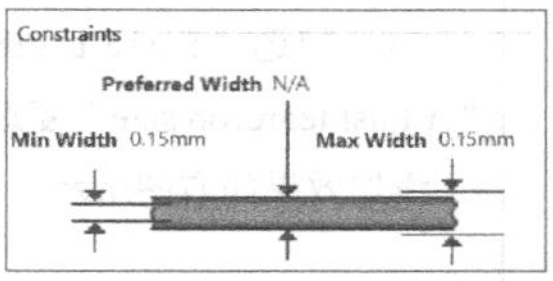 Constraints Preferred Width N/A Min Width 0.15mm Max Width 0.15mm
3 地线线宽设置	（1）在“Routing”目录下右击“Width”，在弹出的快捷菜单中选择“New Rule”命令，新建“Width_1”规则。 （2）在“Width_1”规则的“Where The First Object Matches”选区中单击“Net”单选按钮，在随后出现的“Net”下拉列表中选择“GND”选项，最小、最佳和最大线宽分别设置为0.3mm、0.4mm和0.5mm。 （3）单击“OK”按钮，完成地线线宽的设置。 采用相同方法设置5V电源线的线宽	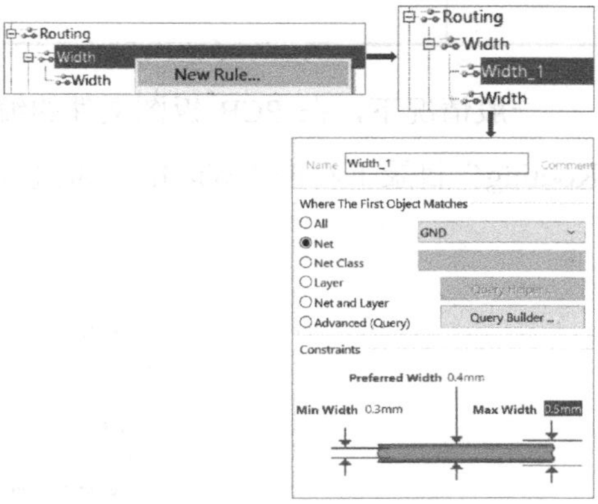 Routing Width Width New Rule... Routing Width Width_1 Width Name Width_1 Comment Where The First Object Matches All Net GND Net Class Layer Net and Layer Advanced (Query) Query Helper... Query Builder... Constraints Preferred Width 0.4mm Min Width 0.3mm Max Width 0.5mm
4 布线	参考表2.10中的步骤4和步骤5进行布线	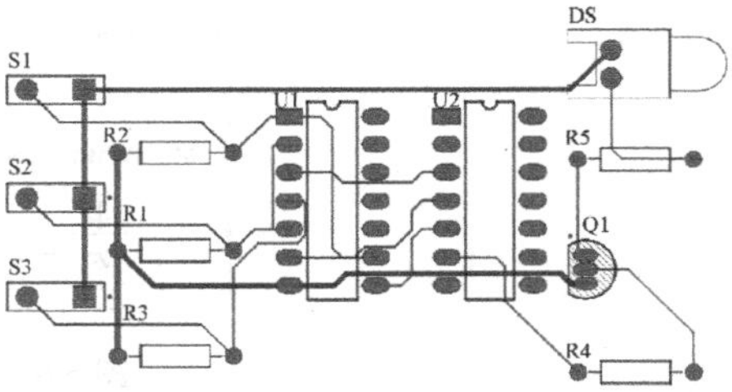 S1 S2 S3 R1 R2 R3 U1 U2 DS R5 Q1 R4
5 泪滴设置	（1）依次单击“Tools”→“Teardrops”或按“T+E”组合键，调用泪滴属性设置对话框。 （2）在“Working Mode”选区中单击“Add”单选按钮，执行添加泪滴命令。 （3）在“Objects”选区中单击“All”单选按钮。	（示例见下页）

续表

步　　骤	操 作 说 明	操 作 示 例
5 泪滴设置	（4）在“Scope”选区中勾选“Via/TH Pad”复选框、“SMD Pad” 复选框、“Tracks”复选框、“T-Junction”复选框。 （5）在“Teardrop Style”下拉列表中选择“Curved”选项。 （6）勾选“Force teardrops”复选框和“Adjust teardrop size”复选框。 添加效果如右图所示	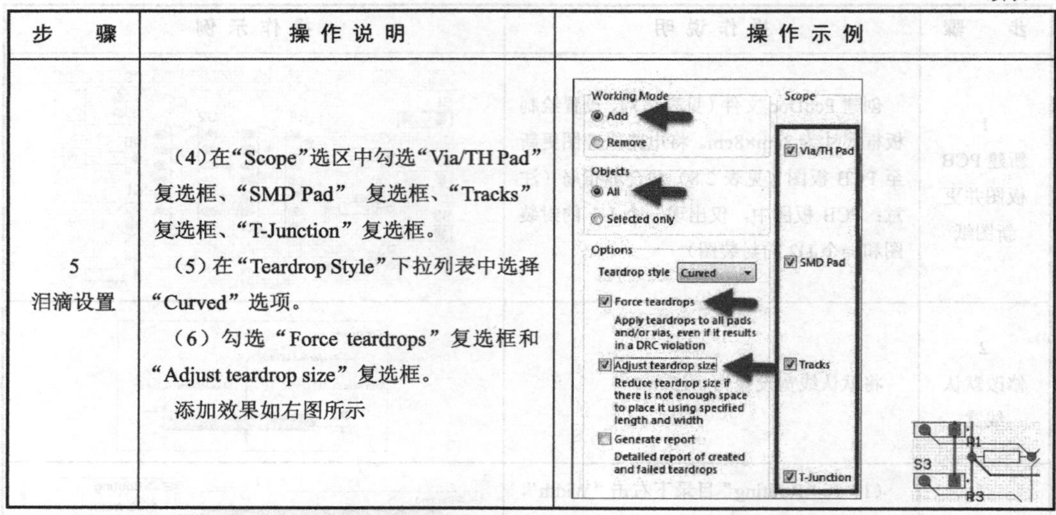

一般情况下，在 PCB 板图文件的编辑界面中依次单击“Design”→“Rules”，再在“Routing”目录下右击“Width”，可进行线宽设置，系统默认线宽设置如图 5.6 所示。

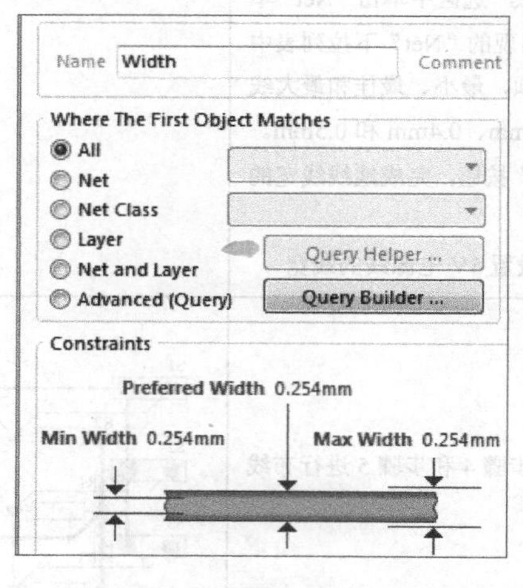

图 5.6　系统默认线宽设置

一般情况下，布线的具体线宽需要根据设计和生产线制程条件确定。本项目中将“Width”规则下的默认线宽设置为 0.15mm。

地线和电源线的线宽需要单独设置规则，一般可按下述方法进行操作。

① 在“Routing”目录下右击“Width”，在弹出的快捷菜单中选择“New Rule”命令，新建“Width_1”规则，如图 5.7 所示。

图 5.7　新建“Width_1”规则

② 双击如图 5.8 所示的“Width_1”规则，进入其编辑界面。

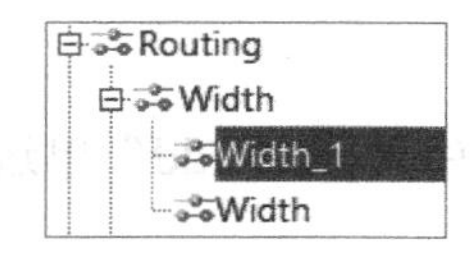

图 5.8　双击“Width_1”规则

③ 地线布线时的最小、最佳和最大线宽分别设置为 0.3mm、0.4mm 和 0.5mm，如图 5.9 所示。

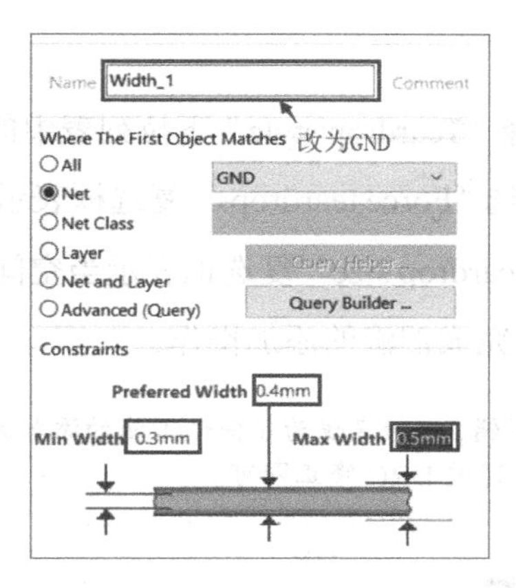

图 5.9　最小、最佳和最大线宽设置

如果新建规则较多，为避免查看时发生混淆，可以将图 5.9 中的“Name”项修改为便于查看的名称，如 GND 代表接地，VCC 或 VDD 代表电源等。

此外，在设计 PCB 时，有些焊盘会采用泪滴设计。使用泪滴设计，可以起到以下作用。

① 当 PCB 受到巨大外力的冲撞时，避免导线与焊盘或者导线与导孔的接触点断开，也可使 PCB 显得更加美观。

② 保护焊盘，避免多次焊接时焊盘的脱落，生产时可以避免蚀刻不均、过孔偏位、出现裂缝等现象。

③ 信号传输时平滑阻抗，减少阻抗的急剧跳变，避免高频信号传输时由于线宽突

然变小而造成反射，可使走线与元件焊盘之间的连接趋于平稳过渡化。

泪滴命令操作步骤如下。

① 依次单击“Tools”→“Teardrops”或按“T+E”组合键，调用泪滴属性设置对话框。

② 在“Working Mode”选区中单击“Add”单选按钮，执行添加泪滴命令。

③ 在“Objects”选项中选择匹配对象，单击“All”单选按钮。

④ 在“Scope”选区内选择适配相应的对象，包括“Via/TH Pad”（过孔和通孔焊盘）、“SMD Pad”（贴片焊盘）、“Tracks”（导线）及“T-Junction”（T 形节点），如图 5.10 所示。

⑤ 选择其他参数。选择“Teardrop style”下拉列表中的“Curved”选项是指泪滴形状选择弯曲的补充形状；勾选“Force teardrops”复选框表示对于添加泪滴的操作采取强制执行方式；勾选“Adjust teardrop size”复选框表示当空间不足以添加泪滴时，改变泪滴的大小，可以更加智能地完成泪滴的添加操作。

注意：即使存在 DRC 报错，一般来说为了保证泪滴的添加完整，需要勾选“Force teardrops”复选框，后期再通过 DRC 修正即可。

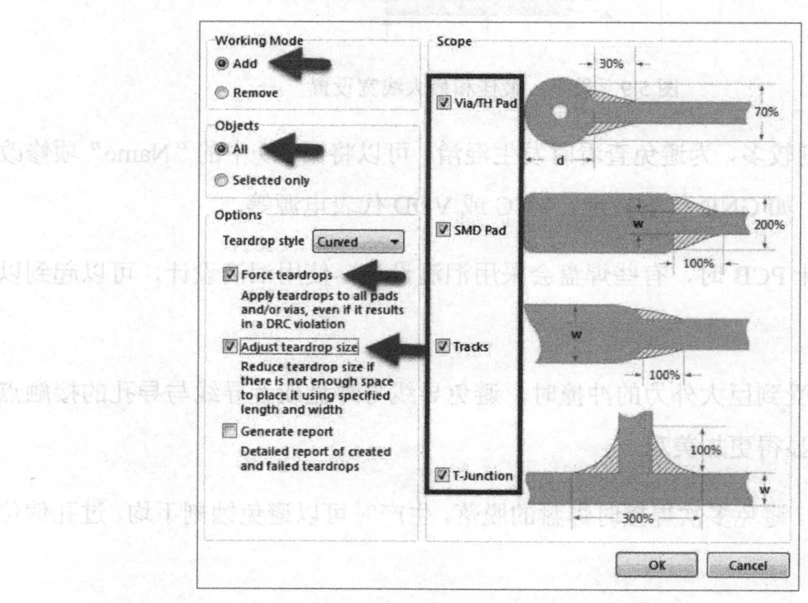

图 5.10　泪滴参数设置

【经验分享】

Q1：绘制 VCC、GND 两个引脚时，其 Part Number 参数为什么都设置为 0？

A1：多单元元件的 Part Number 参数，0 表示属于元件本身，1 表示属于 Part A，2 表示属于 Part B，以此类推。由于电源和接地部分是多单元元件各子单元部分共用的，所以绘制 VCC、GND 两个引脚时，其 Part Number 参数都应设置为 0，表明属于元件本身，而不是某个 Part。

Q2：标准库里的多单元元件的常规画法是在一个 Part 上放置 VCC 和 GND 两个引脚，将其设为电源引脚并隐藏。这种画法有什么缺点？

A2：这种画法的缺点是，电源引脚的默认名称是 VCC 和 GND，但有时候集成运放这类可能要接模拟部分的器件还需要更改属性。

Q3：如何一次性复制多个相同属性的元件？

A3：首先制作一个标准元件，并且复制该元件，然后依次单击“Edit”→“Smart Paste”，按照对话框提示，阵列复制该元件。

Q4：常用绘图工具的使用方法能否简要归纳一下，便于后续的学习使用？

A4：几种常用绘图工具的使用方法如表 5.4 所示。

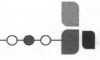

表 5.4　几种常用绘图工具的使用方法

绘图工具	操作说明	操作示例
1 绘制直线	单击“Utilities”工具栏中的常用工具中的“Place Line”工具，可直接在图纸上任意单击两点绘制一条直线，双击该直线，在弹出的“PolyLine”对话框中可以修改以下属性。 Line Width：直线宽度。 Line Style：直线线型。 Start Line Shape：直线起始部分形状。 End Line Shape：直线结束部分形状。 Line Shape Size：直线端部尺寸。 Color：直线颜色。 Locked：直线是否需要锁定	
2 绘制曲线	单击“Utilities”工具栏中的常用工具中的“Place Beziers”工具，可直接在图纸上任意单击四点绘制一条曲线。单击该曲线，调节四个控制点可更改曲线形状，其属性与表 4.5 中所介绍的多边形线段的属性相似	
3 放置字符串	单击“Utilities”工具栏中的常用工具中的“Place Text String”工具。其属性对话框如右图所示，主要包括以下几种属性。 Color：字符颜色。 Location：字符坐标，一般使用鼠标进行字符串的放置。 Horizontal Justification：水平方向对齐方式。 Vertical Justification：垂直方向对齐方式。 Text：需要显示的文本内容。 Font：字体，如需修改可单击“Change”按钮。 Locked：文本是否需要锁定	

续表

绘图工具	操作说明	操作示例
4 放置文本框	单击“Utilities”工具栏中的常用工具中的“Place Text Frame”工具。其属性对话框如右图所示，主要包括以下几种属性。 Border Width：边框宽度。 Text Color：文本颜色。 Alignment：对齐方式。 Location：文本框控制点坐标。 Show Border：显示边框。 Border Color：边框颜色。 Draw Solid：是否填充。 Fill Color：填充颜色	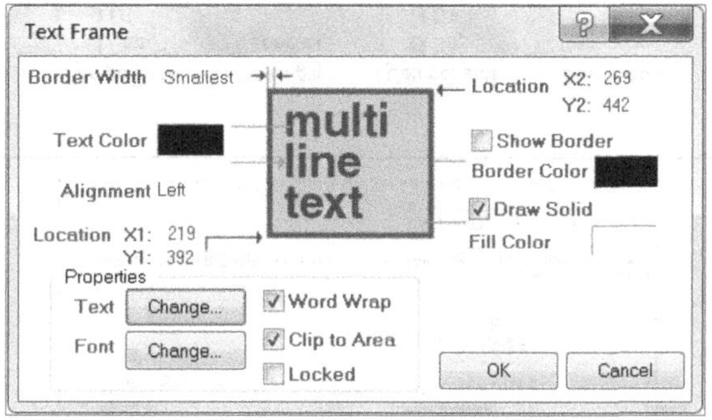
5 绘制椭圆弧	单击“Utilities”工具栏中的常用工具中的“Place Elliptical Arcs”工具。绘制时先在图纸上单击一点作为椭圆弧的中心，然后分别在图纸上单击两点确定椭圆弧长轴、短轴半径，最后在图纸上单击两点确定椭圆弧的起始和终止位置。但这种操作并不精确，当需要精准确定椭圆弧参数时，需要在其属性对话框中进行修改。椭圆弧属性主要包括以下几种。 Line Width：弧线粗细。 X-Radius：X 轴半径。 Y-Radius：Y 轴半径。 Start Angle：起始角度。 End Angle：终止角度。 Color：椭圆弧颜色。 Location：椭圆弧中心坐标	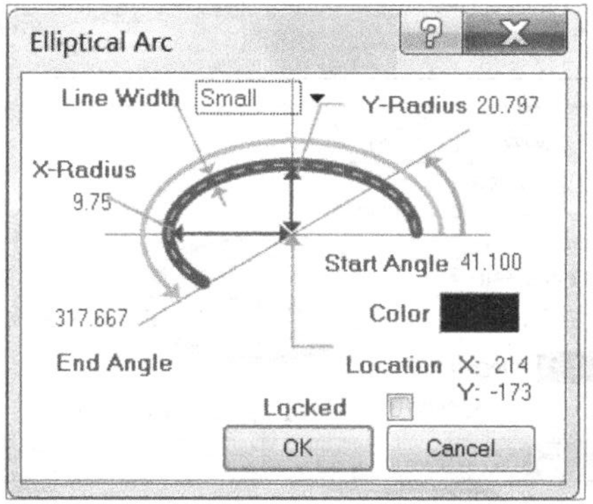

续表

绘图工具	操作说明	操作示例
6 绘制椭圆	单击“Utilities”工具栏中的常用工具中的“Place Ellipses”工具。绘制时先在图纸上单击一点作为椭圆的中心，然后分别单击两点确定椭圆的长轴、短轴半径。但这种操作并不精确，当需要精准确定椭圆弧参数时，需要在其属性对话框中进行修改。椭圆与椭圆弧属性对话框中的项目相似，但增加了以下两个复选项。 Draw Solid：是否填充椭圆内部。 Transparent：填充色是否需要呈现透明的效果	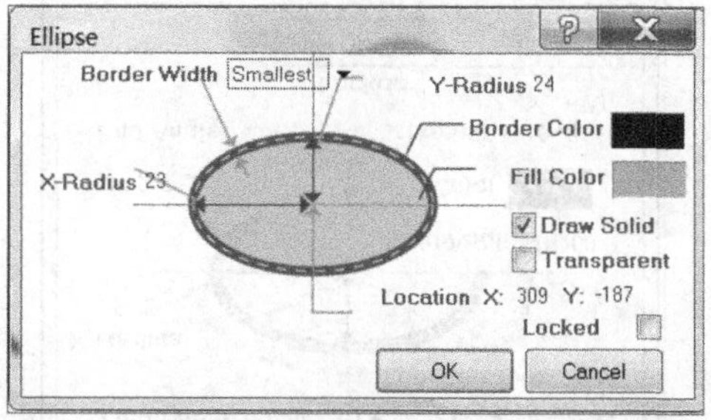 Ellipse Border Width Smallest Y-Radius 24 Border Color X-Radius 23 Fill Color Draw Solid Transparent Location X: 309 Y: -187 Locked OK Cancel
7 插入图片	单击“Utilities”工具栏中的常用工具中的“Place Graphic Image”工具后，先单击对角的两点确定插入图片的大小，然后在弹出的“打开”对话框中找到图片对应的路径将其打开即可。若插入图片的大小需要调整，则可直接调整图框边缘的控制点	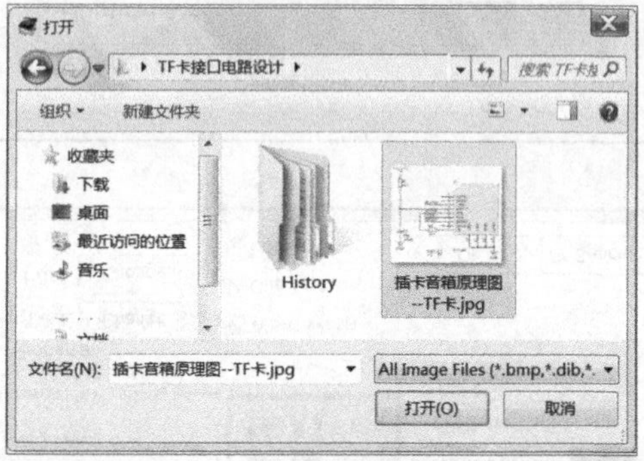 打开 TF卡接口电路设计 组织 新建文件夹 收藏夹 下载 桌面 最近访问的位置 音乐 History 插卡音箱原理图--TF卡.jpg 文件名(N): 插卡音箱原理图--TF卡.jpg All Image Files (*.bmp,*.dib,*. 打开(O) 取消
8 增加功能单元	设计好多单元元件的第 1 部分后，在“Components”区选取需要构建多单元的元件，如右图中的“J1-Tcard”元件，单击“Utilities”工具栏的常用工具中的“Add Component Part”工具，此时，“J1-Tcard”元件左侧会出现一个“+”。将“+”点开，则会看见在“J1-Tcard”下分别有“Part A”和“Part B”两个部分。之前设计好的第 1 部分自动成为“Part A”部分，“Part B”部分可以从“Part A”部分中复制，但要修改引脚属性。具体设计过程如表 5.1 所示	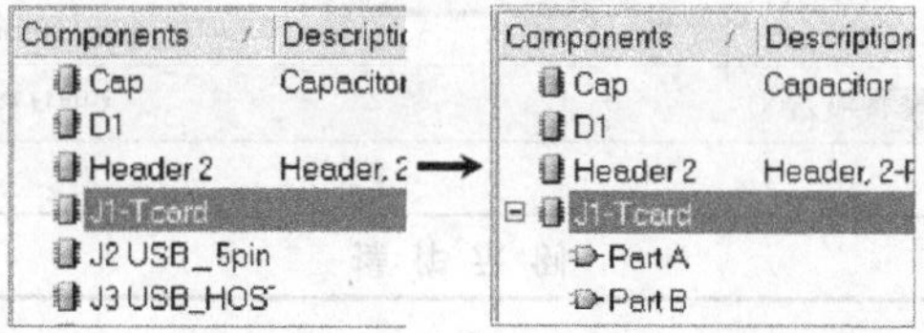 Components / Description Cap Capacitor D1 Header 2 Header, 2 J1-Tcard J2 USB_5pin J3 USB_HOS → Components / Description Cap Capacitor D1 Header 2 Header, 2- J1-Tcard Part A Part B

【项目进阶】

学有余力的学生可以尝试设计以下元件，以巩固所学知识。

（1）SN74LS123 是 74 系列常用的逻辑集成电路之一，该集成电路有 16 个引脚，内含两个完全相同的逻辑部件。SN74LS123 的内部结构、引脚功能及分布如图 5.11 所示。请根据提示绘制 SN74LS123 的电气符号/电路原理图元件。SN74LS123 的参考电气符号如图 5.12 所示。

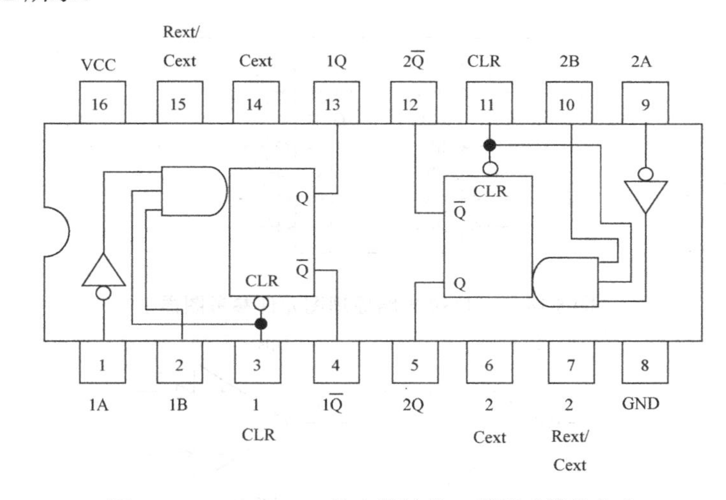

图 5.11　SN74LS123 的内部结构、引脚功能及分布

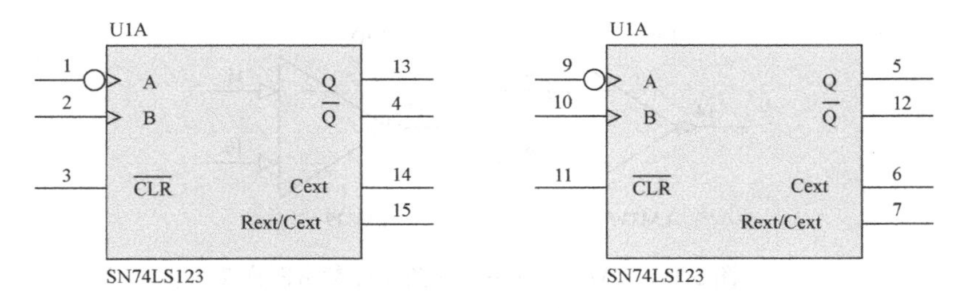

图 5.12　SN74LS123 的参考电气符号

（2）LM339 是一个内部集成了 4 个比较器的集成电路，4 个比较器共用电源引脚和接地引脚，其他引脚相互独立，如图 5.13 所示。

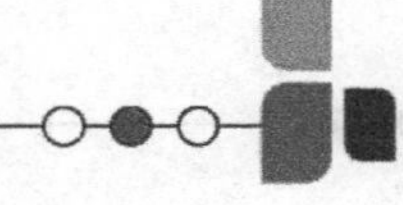

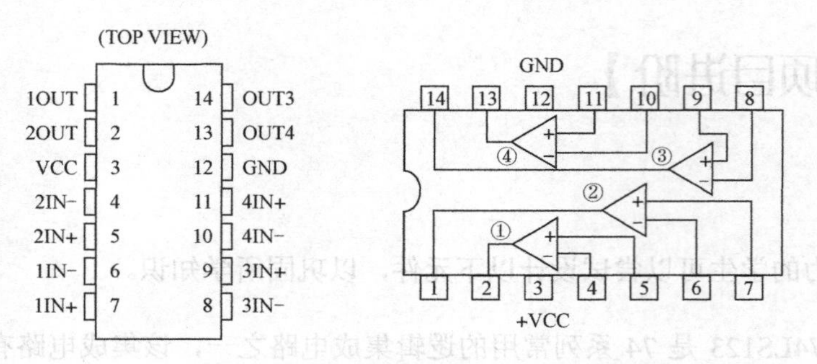

图 5.13　LM339 封装的引脚及内部逻辑图

图 5.14 是采用项目 4 中所介绍的方法设计的 LM339 电路原理图元件，图 5.15 则是采用多单元元件方式设计的 LM339 电路原理图元件。

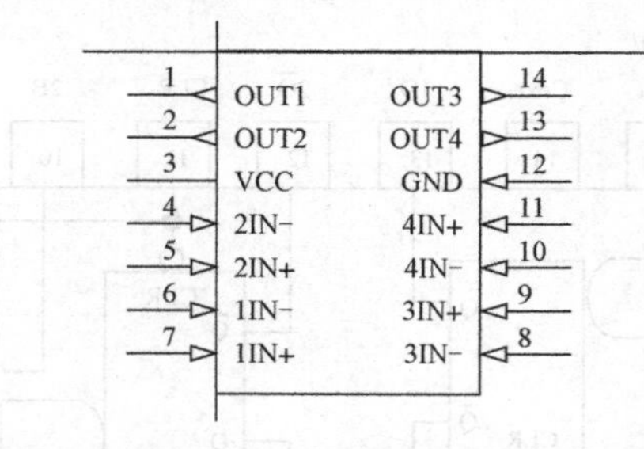

图 5.14　LM339 电路原理图元件参考图样 1

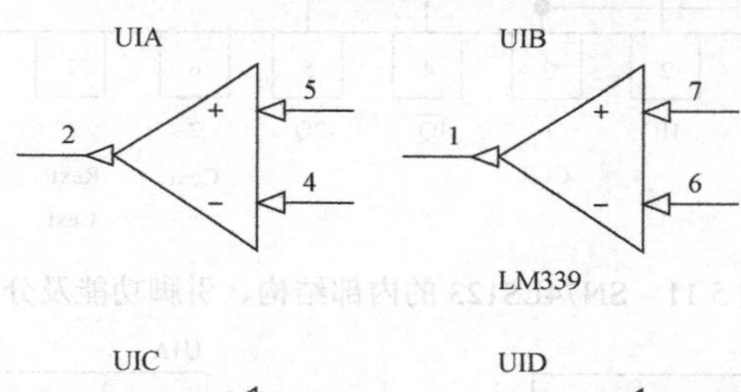

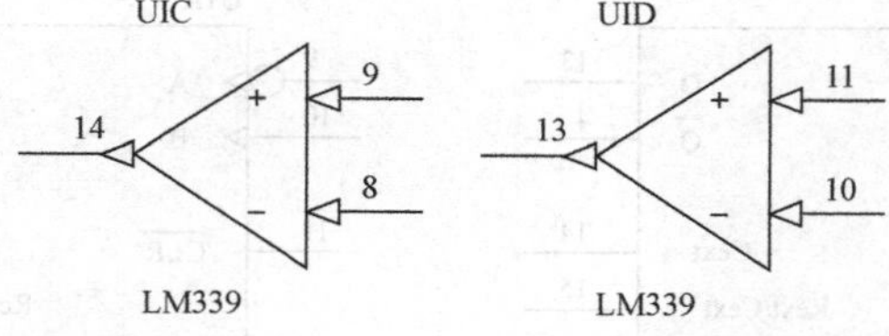

图 5.15　LM339 电路原理图元件参考图样 2

项目 6

这些问题该怎么办：常见编译问题

【项目资料】

项目 4 中已经完成的 TF 卡接口电路在由电路原理图更新到 PCB 板图的过程中，在“Comparator Results”对话框中，出现如图 6.1 所示的提示信息，单击“Yes”按钮，弹出如图 6.2 所示的“Engineering Change Order”对话框，在该对话框中则显示仅存在 C1、R1 和 R4 元件且 R1 和 R4 元件 CR2012-0805 封装未找到（Footprint Not Found CR2012-0805）。

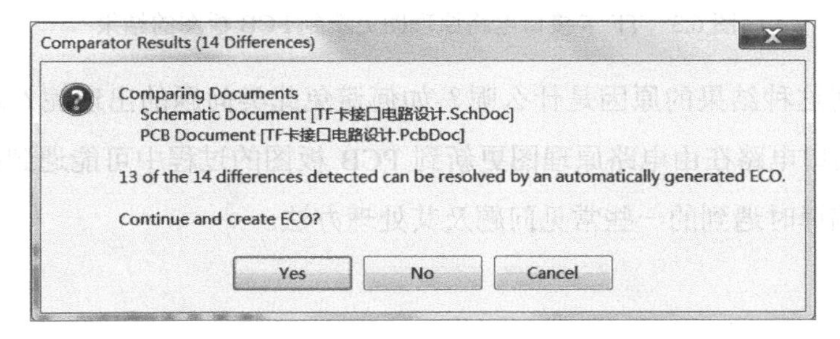

图 6.1 “Comparator Results”对话框

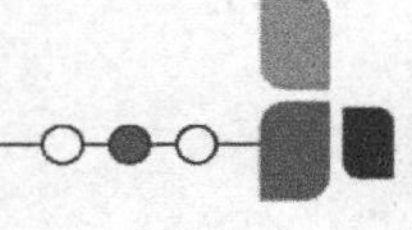

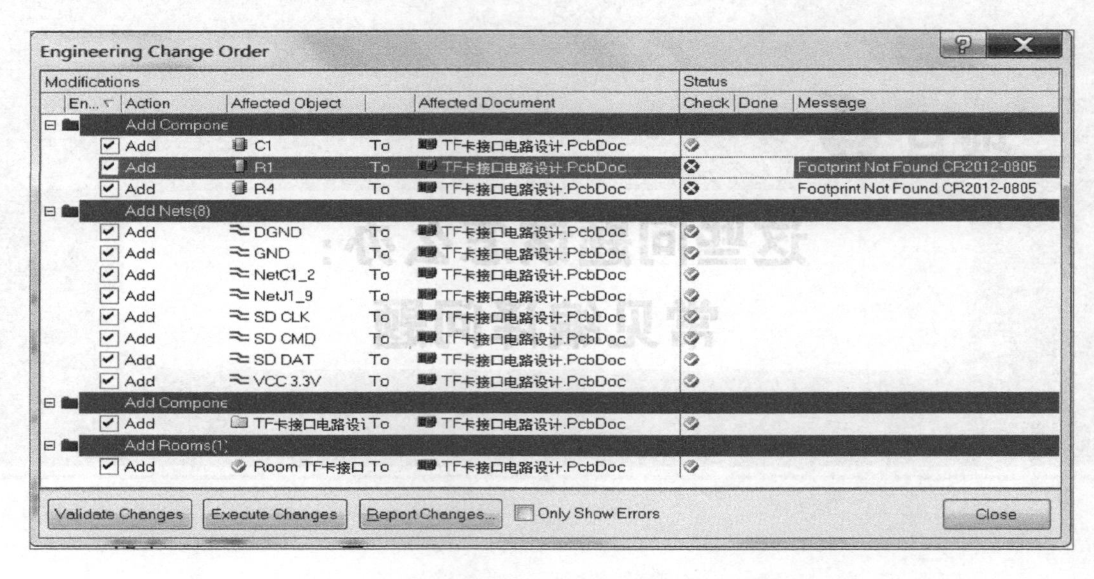

图 6.2 “Engineering Change Order”对话框

在执行完更新命令后，原本应在 PCB 板图内找到四个元件，但实际在 PCB 板图内仅找到 C1 一个元件，如图 6.3 所示。

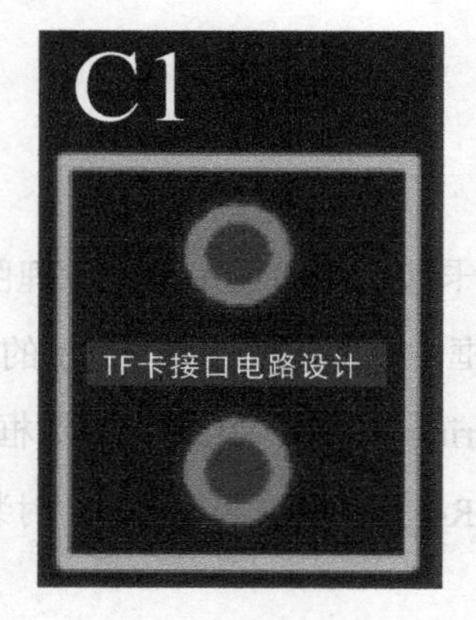

图 6.3 TF 卡接口电路原理图更新到 PCB 板图的结果

那么出现这种结果的原因是什么呢？如何避免此类问题的出现呢？本项目将通过解决 TF 卡接口电路在由电路原理图更新到 PCB 板图的过程中可能遇到的问题，掌握电路原理图编译时遇到的一些常见问题及其处理办法。

【任务描述】

本项目的任务是通过解决 TF 卡接口电路在由电路原理图更新到 PCB 板图的过程中可能遇到的问题，掌握电路原理图编译时遇到的一些常见问题及其处理办法，基本要求如下。

（1）掌握对电路原理图进行编译的方法。

（2）对电路原理图中的电气连接方式和网络标签的使用有进一步的认识。

（3）对电路原理图中的引脚属性有进一步的认识。

（4）了解一些全局修改方法。

【任务分析】

本项目的任务是解决 TF 卡接口电路在由电路原理图更新到 PCB 板图的过程中可能遇到的问题。由于电路原理图的设计效果是因人而异的，可能出现的问题也各不相同，很多时候人们无法一眼找出，因此，需要先借助系统的编译工具将可能的问题找出来。故而，要完成本项目首先要能正确编译电路原理图并能看懂编译结果。

另外，由于不同设计人员在设计时可能会对系统某些默认提示进行修改，所以即便编译时没有错误报告仍不能完全说明电路原理图中没有错误发生。因此，还需要仔细核对“Comparator Results”对话框和“Engineering Change Order”对话框中显示的结果。

只有以上各环节均未有错误发生，才能说明电路原理图设计没有明显规则方面的错误。一般情况下，以上各环节发生的错误主要有电气连接方式不正确、网络标签或元件引脚使用不当、封装丢失或不匹配、元件重复、网络标号重复及存在带电属性的多余图元。由于设计中涉及的问题可能是单一的，也可能是多个问题复合在一起的，因此需要多加练习才能逐步掌握。

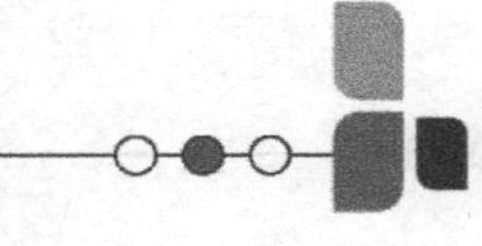

【任务实施】

电路原理图设计的最终目的是 PCB 设计，其正确性是 PCB 设计成功的前提。电路原理图设计完毕后必须进行电气检查，找出错误并进行修改。电气检查可以通过电路原理图编译实现。电气检查要按照一定的电气规则进行，检查已绘制好的电路原理图中是否有违反电气规则的错误。若有错误，则电气检查报告一般以错误（Error）、警告（Warning）和严重错误（Fatal Error）来提示。

在编译工程之前，用户需要对工程选项进行设置，以确定编译时系统所做的工作和编译后系统生成的各种报告类型。依次单击“Projects”→“Project Options”，弹出“Options for PCB Project”对话框，该对话框中主要包括了电气检查涉及的各个项目和规则。电气检查涉及的主要项目和规则如表 6.1 所示。

表 6.1 电气检查涉及的主要项目和规则

项目	操作说明	操作示例
1 错误报告	在“Error Reporting”（错误报告）选项卡中可以设置错误报告的类型。用户可以设置所有可能出现的错误报告类型。错误报告类型有“Error”“Warning”“Fatal Error”“No Report”，如右图所示	（a）“Error Reporting”标签 （b）报告类型
2 比较器	在“Comparator”（比较器）选项卡中可以设置比较器的相关属性。如果用户希望改变元件封装后，系统在编译时给予一定的信息，可以在“Comparator”选项卡中，找到“Different Footprints”（元件封装变化）项，单击其右侧，在出现的下拉列表中选择“Find Differences”（查找差异）选项；如果用户对这类改变不关心，可以选择“Ignore Differences”（忽略差异）选项，如右图所示	

续表

项　　目	操 作 说 明	操 作 示 例
3 连接矩阵报告	在“Connection Matrix”（连接矩阵）选项卡中可以设置电路的电气连接属性。当无源器件的引脚连接时系统产生警告信息，可以在矩阵右侧找到“Passive Pin”（无源器件引脚）这一行，然后在矩阵上部找到“Unconnected”（未连接）这一列，单击对应的方框，改变由这个行和列决定的矩阵中方框的颜色，即可改变电气连接检查后错误报告的类型。其中，绿色为“No Report”，黄色为“Warning”，橙色为“Error”，红色为“Fatal Error”。单击方框时，该点处的颜色按绿→黄→橙→红→绿的顺序循环变化。若此时无源器件的引脚未连接，系统就会产生警告信息，即将图中方框对应颜色设置为黄色	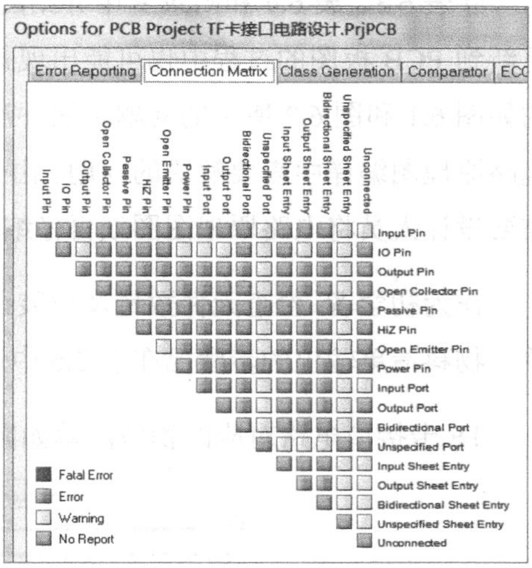 Options for PCB Project TF卡接口电路设计.PrjPCB Error Reporting / Connection Matrix / Class Generation / Comparator / ECO Input Pin, IO Pin, Output Pin, Open Collector Pin, Passive Pin, HiZ Pin, Open Emitter Pin, Power Pin, Input Port, Output Port, Bidirectional Port, Unspecified Port, Input Sheet Entry, Output Sheet Entry, Bidirectional Sheet Entry, Unspecified Sheet Entry, Unconnected Fatal Error, Error, Warning, No Report

对于项目文件中的电路原理图电气检查可以设置电气检查规则，而对于独立的电路原理图电气检查则不能设置电气检查规则，只能直接进行编译。独立的电路原理图电气检查和项目文件中的电路原理图电气检查步骤如表 6.2 所示。

表 6.2　独立的电路原理图电气检查和项目文件中的电路原理图电气检查步骤

步　　骤	操 作 说 明	操 作 示 例
1 独立的电路原理图	依次单击“Project”→“Compile”，生成系统信息报告，单击“Messages”标签，可以看到错误信息报告。若有错误信息报告，可以右击某项提示信息，在弹出的快捷菜单中选择“Cross Probe”命令，查看详细信息	 DXP File Edit View Project Place Design Tools Compile Cross Probe Next Message Cross Probe Previous Message Design Workspace Add New to Project Projects Free Documents Source Documents TF卡接口电路设计_2.SC
2 项目文件中的电路原理图	依次单击“Project”→“Compile Document TF 卡接口电路设计.SchDoc”，生成系统信息报告，单击“Messages”标签，可以看到错误信息报告。若有错误信息报告，可以右击某项提示信息，在弹出的快捷菜单中选择“Cross Probe”命令，查看详细信息。 若需要对整个项目进行编译，可依次单击“Project”→“Compile PCB Project TF 卡接口电路设计.PrjPCB”，生成系统信息报告，单击“Messages”标签，可以看到错误信息报告	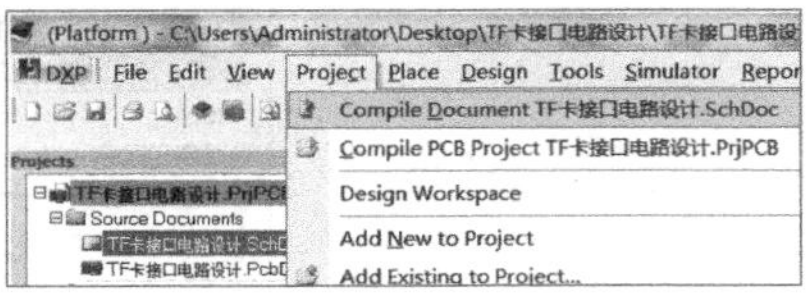 (Platform) - C:\Users\Administrator\Desktop\TF卡接口电路设计\TF卡接口电路设 DXP File Edit View Project Place Design Tools Simulator Repor Compile Document TF卡接口电路设计.SchDoc Compile PCB Project TF卡接口电路设计.PrjPCB Design Workspace Add New to Project Add Existing to Project... Projects TF卡接口电路设计.PrjPCB Source Documents TF卡接口电路设计.SchDoc TF卡接口电路设计.PcbDoc

元件封装缺失的原因及解决措施如表 6.3 所示，常见的编译错误提示、错误原因及解决措施如表 6.4 所示。

除表 6.3、表 6.4 和附录 F 中介绍的编译错误以外，TF 卡接口电路在由电路原理图更新到 PCB 板图的过程中也可能出现其他类型的错误。例如，在【项目资料】中出现的如图 6.1 和图 6.2 所示的问题虽然并没有在编译过程中出现错误提示，但其仍然属于电路原理图编译中需要解决的问题。由于直接采用系统编译并没有找到问题所在，所以需要设计人员将电路原理图图纸再仔细核对、校验一遍。

作为初学者，检查元件数量及封装正确与否的最佳办法就是输出图纸对应的物料清单。物料清单输出的步骤已在表 2.6 中进行了详细说明。

TF 卡接口电路对应的物料清单如图 6.4 所示。

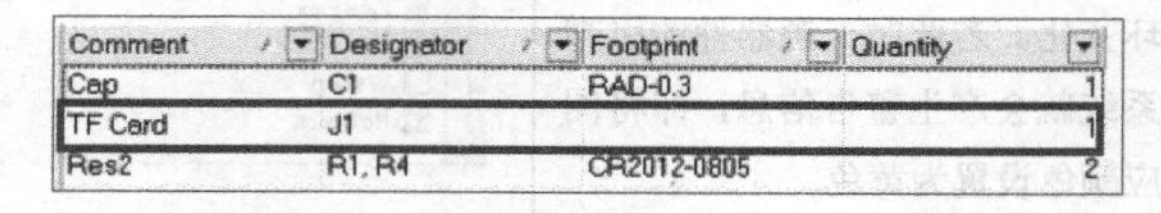

Comment	Designator	Footprint	Quantity
Cap	C1	RAD-0.3	1
TF Card	J1		1
Res2	R1, R4	CR2012-0805	2

图 6.4　TF 卡接口电路对应的物料清单

由物料清单可见，J1 元件所在行的“Footprint”（封装）一栏没有信息，说明该元件仅有电路原理图元件而没有实体封装与之相对应。R1 和 R4 元件虽然在物料清单中有对应的封装显示，但在双击该元件后弹出的属性对话框中显示没有封装实体，如图 6.5 所示。当 R1 和 R4 元件有封装实体时，其属性对话框应如图 6.6 中所示。

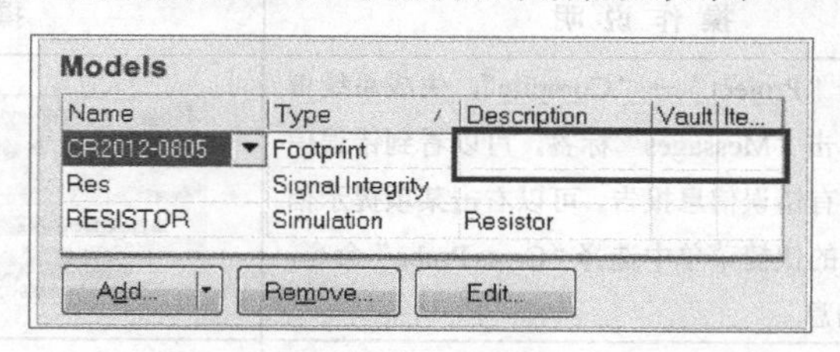

图 6.5　没有封装实体的 R1 和 R4 元件

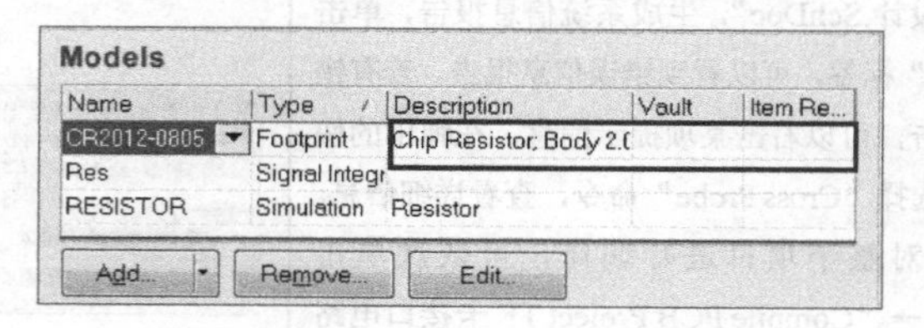

图 6.6　有封装实体的 R1 和 R4 元件

表 6.3　元件封装缺失的原因及解决措施

序　号	原　因	解决措施	操作示例
1	已安装的系统库文件中有适宜封装，但自制元件时未添加该封装	调用元件的属性对话框，在该对话框右下角的“Models”（模型）选区中单击“Add”按钮，在“Add New Model”下拉列表中选择“Footprint”选项，然后在“PCB Library”选区中单击“Any”单选按钮，并在“Footprint Model”选区中单击“Browse”按钮。在弹出的元件库中按照表 2.3 中的步骤 3 方法 2 找到元件封装并添加	
2	元件封装对应的库文件未安装	若已知库文件所在文件夹，则进入“Browse Libraries”（元件库）对话框，单击…按钮，进入“Available Libraries”对话框，单击“Add Library”按钮，在“打开”对话框中选择需要安装的库文件所在文件夹并单击需要加载的库文件即可将新元件库加载到系统中，再按照表 6.3 中步骤 1 的操作为元件添加封装	
3	系统缺乏对应封装	参考项目 7 中所介绍的内容自行制作封装，并按表 6.3 中步骤 1 和步骤 2 的操作加载该封装	

表 6.4　常见的编译错误提示、错误原因及解决措施

序　号	错误提示	错误原因及解决措施	图　例
1	Component implementations with invalid pin mappings	元件引脚标识和 PCB 封装焊盘中的标识不符。如右图所示，元件电路原理图引脚标识分别为“2”和“3”，而元件 PCB 封装焊盘的标识分别为“1”和“2”，则两者之间“1”和“3”无法匹配。对此，只需要将“1”和“3”改为不与“2”重名的任意字符即可，但最好改为“1”	（a）元件电路原理图引脚标识　（b）元件 PCB 封装焊盘标识

续表

序 号	错 误 提 示	错误原因及解决措施	图 例
2	Component implementations with missing pins in sequence	元件引脚的序号丢失。如右图所示，查看元件在电路原理图元件库编辑器中的“Pins”区信息时，若引脚的标识名不是连续的，则会出现此类错误提示。对此，只需要将引脚的标识重新按顺序命名即可，本例中，将“4”改为“3”，后续引脚依次修改即可	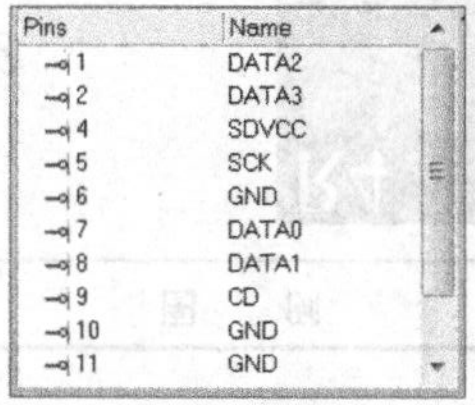
3	Component with duplicate implementations	元件被重复使用。如右图所示，若在绘制电路原理图时，两个及以上元件使用了同一个标识名称，如本例中的 R1，则会出现此类错误提示。对此，只需要将元件命名为不同的标识名称即可	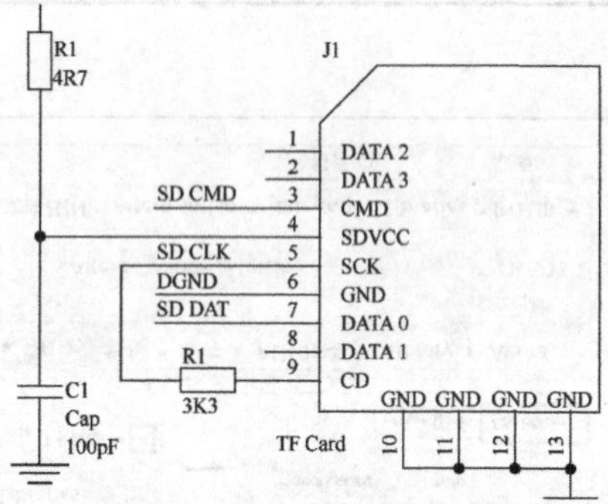
4	Component with duplicate pins	元件中有重复的引脚。如右图所示，查看元件在电路原理图元件库编辑器中的“Pins”区信息，若引脚的标识名有两处及以上相同时，则会出现此类错误提示。对此，只需要将引脚的标识按顺序重新命名即可	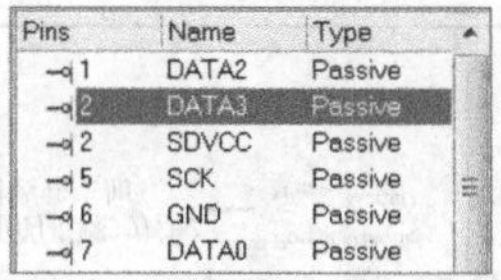
5	Extra pin found in component display mode	多余的引脚在元件上显示。如右图所示，在对元件进行编辑时，可能会有调用了多余的引脚却又忘记及时删除的情况。往往多出来的引脚和有效的元件体及引脚间隔较大，最好直接查看“Pins”区信息，将多余的引脚及时删除	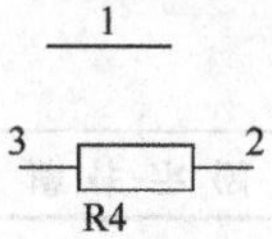

续表

序　号	错 误 提 示	错误原因及解决措施	图　例
6	Conflicting constraints	约束不一致。当元件引脚有特定的电气类型时，若各引脚类型与实际电路的电气走向发生矛盾，系统会出现此类错误提示。如右图所示，LM339 元件的 2、4 和 5 号引脚均为输入，不符合电路中的电气走向	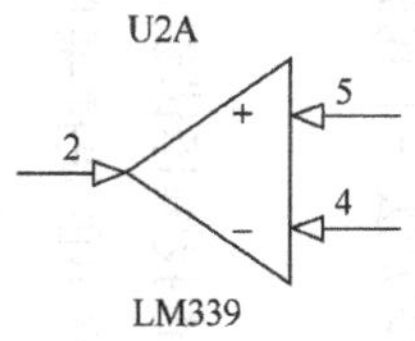
7	Floating net labels	电路原理图中有悬空的网络标签。此类错误不一定所有系统均有提示。当出现此提示时，说明电路原理图中有网络标签空置或未放到对应的电气引脚上或电线上。对此，直接将空置的网格标签删除或将未放置好网格标签按要求重新放置好即可	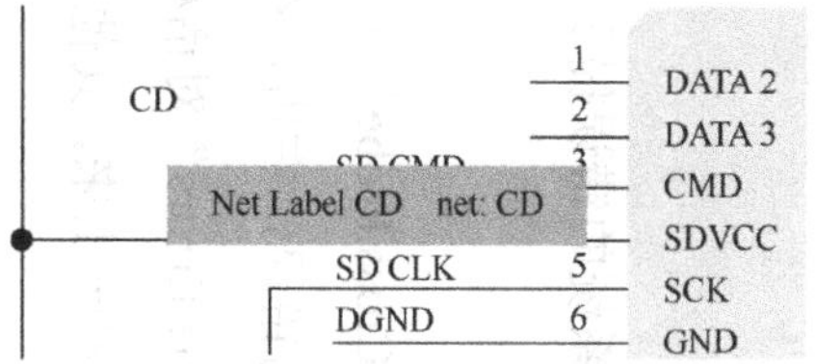
8	Duplicate nets	电路原理图中出现重名的网络。如右图所示，当电路原理图中的两个及以上元件发生重名且没有使用网络标签为连接的电气指定网络名称时，会出现此类错误提示。对此，只需要将元件标识名重新命名为不重名的元件即可	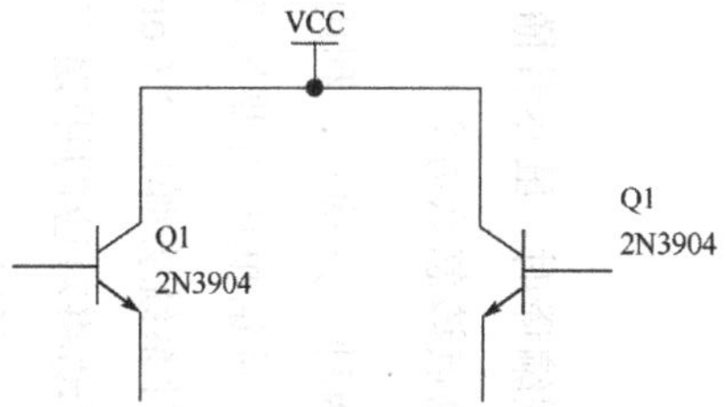
9	Unconnected wires	电路原理图中有没连接的导线。如右图所示，当电路原理图中存在没有连接的导线时，会出现此类错误提示，并标注导线的坐标。对此，只需将错误提示中显示的未连接导线用电气连线连接好即可。如果元件上确有多余引脚不需要连线而系统又提示有问题的，可在该引脚端点处打上不检查标记；如果图中未连接的导线是多余的，则直接删除即可	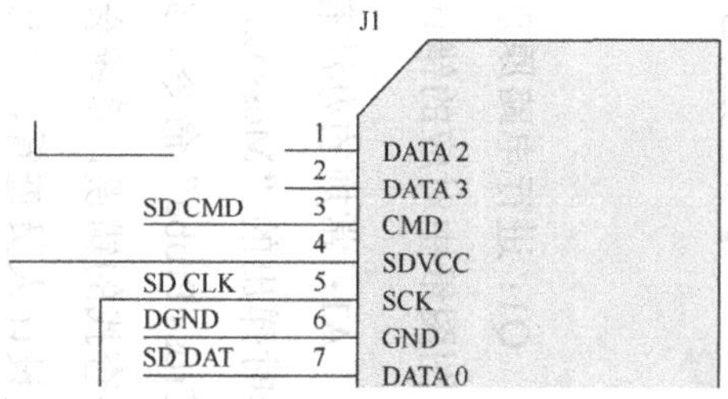

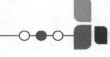

【经验分享】

Q1：进行电路原理图编译时，虽然看懂了系统的错误提示，但无法一下找到电路原理图图纸中对应的错误地点该怎么办？

A1：常规的办法有两种。方法一，利用“Cross Probe”命令查找编译错误。选中编译时弹出的“Messages”对话框中需要修改的错误，右击，在弹出的快捷菜单中选择“Cross Probe”命令。此时系统会弹出“Compile Errors”对话框，在此对话框中单击需要查找的错误，系统会自动将对应的错误高亮提示出来，其他部分则处于半隐状态，以便设计人员查看，如图 6.7 所示。

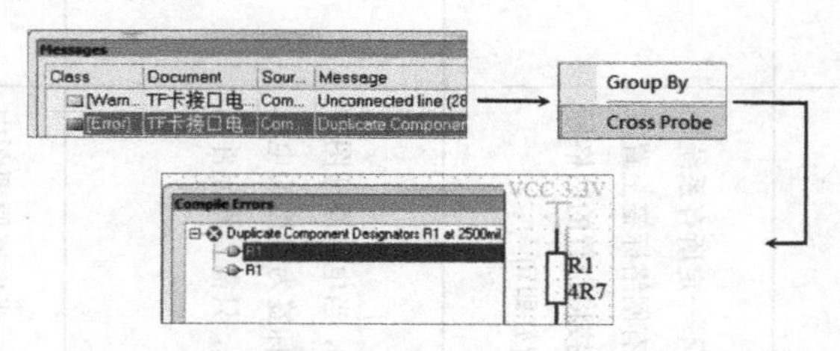

图 6.7　利用“Cross Probe”命令查找编译错误

方法二，若编译时涉及的错误是与元件有关的，则可以直接执行“Jump Component”命令。在英文输入状态下按“J”键，在弹出的快捷菜单中选择“Jump Component”命令，并在弹出的“Component Designator”对话框中输入需要查找的元件的标识符并确认，随后系统将显示查找的结果。若已经找到对应的元件，则系统会高亮显示该元件，反之系统会提示未找到该元件，如图 6.8 所示。

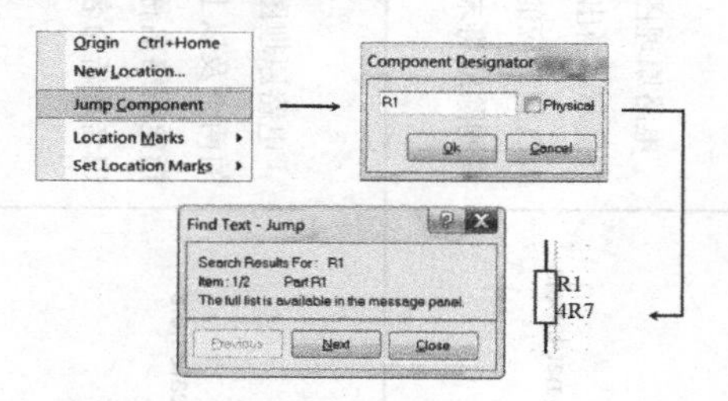

图 6.8　执行“Jump Component”命令查找元件

Q2：在电路原理图中，若有两个及以上名字相同的 Net Label（网络标签），已知其中一个，如何快速查找其他的？

A2：假定电路原理图中有两处及以上名为“VMCU”的网络标签，在英文输入状态下，按住“Alt”键不放，单击电路原理图中任意一处名为“VMCU”的网络标签，即可快速定位电路原理图中的所有名为“VMCU”的网络标签。查找结束之后，再单击电路原理图即可。

Q3：若电路原理图中出现如“Details Floating Net Label ×× at ××”的错误提示，该怎么办？

A3：出现此类错误提示通常是因为Net Label浮空，未被放置到应该放置的引脚上，这时重新放置网络标签即可。

Q4：编译时，没有出现错误提示，但由电路原理图更新到PCB板图后发现少了很多飞线，这是怎么回事？

A4：出现这种情况的原因可能有以下几种。一是电路原理图中电气连线不正确，将普通直线命令误当作电气导线使用；二是元件引脚标识和封装焊盘标识不匹配；三是元件封装没有添加或加载异常，导致由电路原理图更新到PCB板图时少了元件。

【项目进阶】

本项目中所学内容多为理论性质的，仅理解编译过程中的常见问题及其对应的解决措施是不够的，还需要结合比较复杂的电路设计才便于掌握。大家可以结合前面已经介绍的学习内容，绘制图6.9和图6.10所对应的电路原理图并设计对应的PCB板图。由于还未介绍如何自行制作元件封装，故图6.9和图6.10中所涉及的元件封装可以自行设定。

TY-58A贴片型插卡音箱电路原理图如图6.9所示，其主控电路由AC108N及相关器件组成，并包含功放、TF卡、USB等电路，能实现TF音乐播放、USB音乐播放、外部音源（AUX）播放三种功能。该电路可以适用三种充电方式：连接计算机USB、移动电源、USB适配器。该电路的工作电压为3.7V（锂电池），电流为500mA～1020mA，输出功率为3W，频率响应范围为90Hz～20kHz，信噪比为8dB，失真度为0.3%。

HX203T FM/AM集成电路收音机电路原理图如图6.10所示，该电路是以日本索尼公司生产的CXA1691M单片集成电路为主体，加上少量外围元件构成的微型低压收音机电路。该电路的推荐工作电源电压范围为2～7.5V，当VCC=6V时，RL=8Ω的音频输出功率为500mW。

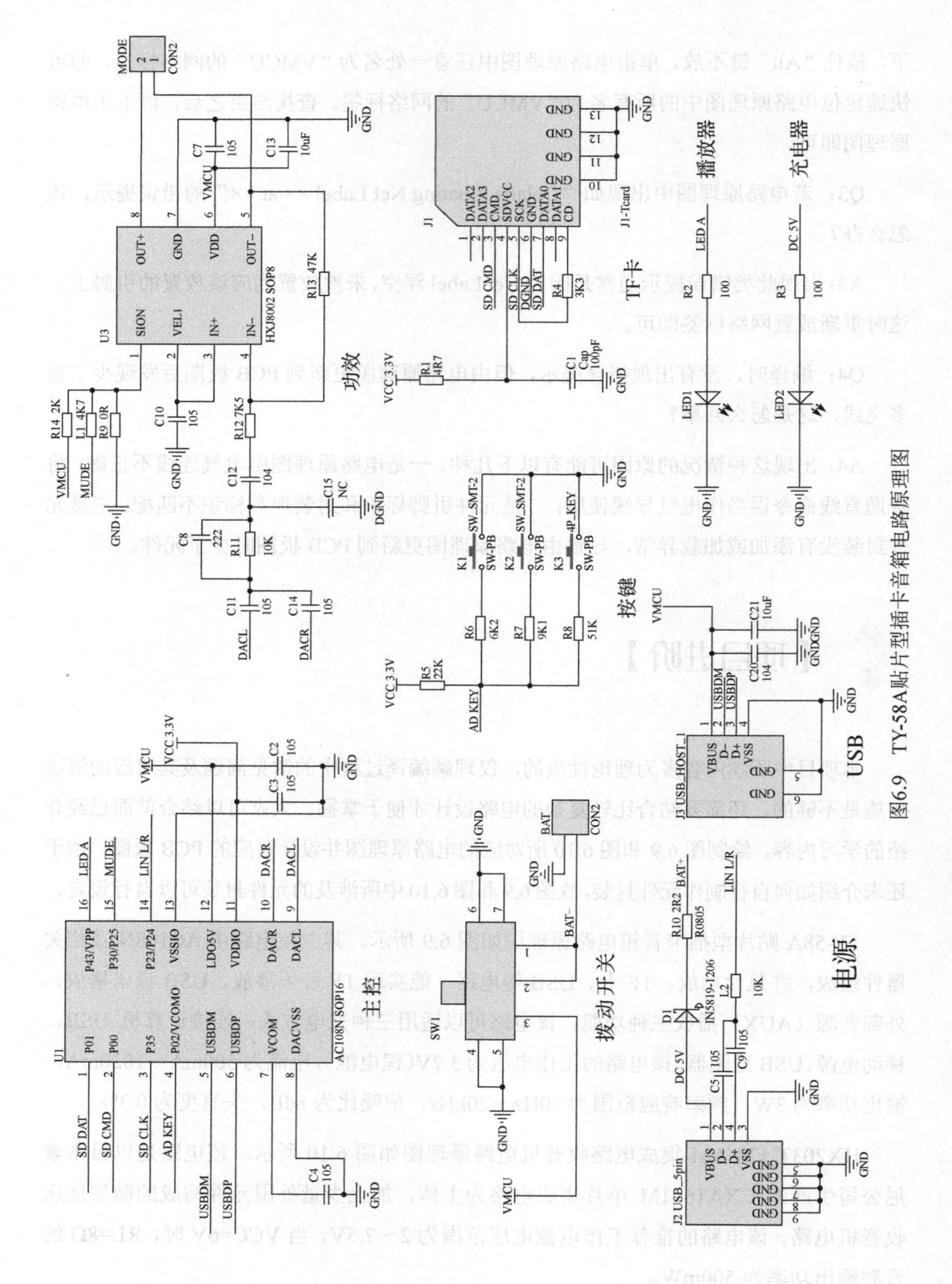

图6.9　TY-58A贴片型插卡音箱电路原理图

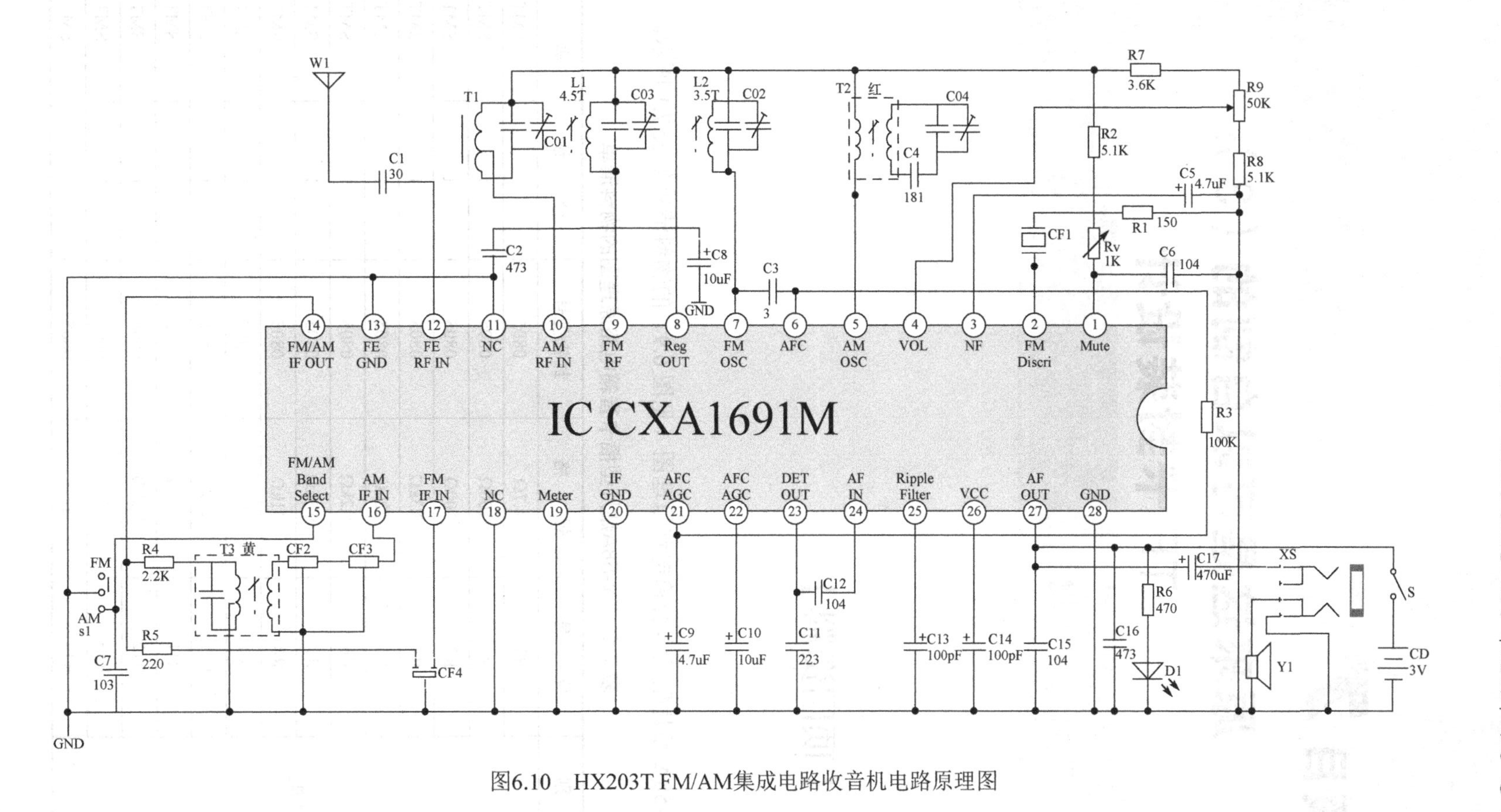

图6.10　HX203T FM/AM集成电路收音机电路原理图

项目7

原来这是可以自制的（3）：TF卡封装设计

【项目资料】

TY-58A贴片型插卡音箱电路原理图（见图6.9）的物料清单如表7.1所示。

表7.1　TY-58A贴片型插卡音箱电路原理图的物料清单

类　别	位　号	规　格	封装/型号	个　数	备　注
贴片电阻	R1	4.7Ω	0805	1	SMT
	R2	100Ω	0805	1	SMT
	R3	100Ω	0805	1	SMT
	R4	3.3kΩ	0805	1	SMT
	R5	22kΩ	0805	1	SMT
	R6	6.2kΩ	0805	1	SMT
	R7	9.1kΩ	0805	1	SMT
	R8	51kΩ	0805	1	SMT
	R9	0Ω	0805	1	SMT
	R10	2.2Ω	0805	1	SMT
	R11	10kΩ	0805	1	SMT
	R12	7.5kΩ	0805	1	SMT
	R13	47kΩ	0805	1	SMT
	R14	2kΩ	0805	1	SMT

续表

类 别	位 号	规 格	封装/型号	个 数	备 注
贴片电阻	L1	4.7kΩ	0805	1	SMT
	L2	10kΩ	0805	1	SMT
贴片电容	C1	100pF	0805	1	SMT
	C2	105pF	0805	1	SMT
	C3	105pF	0805	1	SMT
	C4	105pF	0805	1	SMT
	C5	105pF	0805	1	SMT
	C7	105pF	0805	1	SMT
	C8	222pF	0805	1	SMT
	C9	105pF	0805	1	SMT
	C10	105pF	0805	1	SMT
	C11	105pF	0805	1	SMT
	C12	104pF	0805	1	SMT
	C13	10μF	0805	1	SMT
	C14	105pF	0805	1	SMT
	C20	104pF	0805	1	SMT
	C21	10μF	0805	1	SMT
贴片二极管	D1	SS14		1	SMT
集成电路	U1	AC108N	SOP16	1	SMT
	U3	CXJ8002	SOP8	1	SMT
发光二极管	LED1	绿色		1	插件
发光二极管	LED2	红色		1	插件
TF 接口	J1			1	异形 SMT
DC5V 接口	J2			1	异形 SMT
USB 接口	J3			1	异形 SMT
拨动开关	SW1			1	异形 SMT
轻触开关	K1			1	异形 SMT
	K2			1	异形 SMT
	K3			1	异形 SMT

由表 7.1 可见，所有元件均无法在系统库中找到对应的封装。因此，必须对这些元件自制封装。通过自制表 7.1 中所有元件对应的封装，掌握如何借助 Altium Designer 封装库中各类工具和向导完成各种元件封装的设计和制作。

【任务描述】

本项目的任务是通过设计并制作 TY-58A 贴片型插卡音箱电路原理图中所有元件对应的封装，达成以下学习目标。

（1）掌握 PCB 各图层的主要作用及设置方法。

（2）掌握 PCB 封装库的创建和保存方法。

（3）掌握 PCB 封装库中常规工具的使用方法。

（4）掌握 PCB 封装向导的使用方法。

【任务分析】

为完成图 6.9 中各元件封装的设计与制作，首先要了解 PCB 板图中各图层的主要作用及其设置，其次要能正确使用 PCB 封装库中的常用工具。同时，为了能较快地设计并制作好一些规则元件的封装，还需要掌握 PCB 封装向导的使用方法。

一般说来，PCB 板图中常用到的图层有：信号层（Signal Layer）、内部电源/接地层（Internal Plane Layer）、机械层（Mechanical Layer）、丝印层（Silkscreen Layer）、阻焊层（Solder Mask Layer）、锡膏助焊层（Paste Mask Layer）、钻孔层（Drill Layer）、禁止布线层（Keep Out Layer）、多层（Multi Layer）、网络飞线层（Connection and Form Tos）。PCB 板图中各主要图层的作用如表 7.2 所示。

表 7.2 PCB板图中各主要图层的作用

图层名	作用	颜色
信号层	信号层主要用于放置与信号有关的电气元素。其中顶层（Top Layer）和底层（Bottom Layer）可以放置元件和铜膜导线，30 个中间信号层（Mid Layer1～30）只能布设铜膜导线。置于信号层上的元件焊盘和铜膜导线代表了电路板上的敷铜区	顶层：红 底层：蓝

续表

图　层　名	作　　用	颜　　色
内部电源/接地层	内部电源/接地层主要用于布设电源线及地线，可以给内部电源/接地层命名一个网络名，在设计过程中 PCB 编辑器能自动将同一网络上的焊盘连接到该层上	按所选层指定
机械层	机械层主要用于设置 PCB 的物理尺寸、数据标记、装配说明等	1 层：紫
丝印层	丝印层主要用于放置元件的轮廓、标号和注释等信息，包括顶层丝印层和底层丝印层	顶层：黄 底层：黄绿
阻焊层	阻焊层上会留出焊点的位置，而将铜膜导线覆盖住。阻焊层不粘焊锡，甚至可以排开焊锡，因此在焊接时可以防止焊锡溢出造成短路。阻焊层分为顶层阻焊层和底层阻焊层	顶层：紫 底层：紫红
锡膏助焊层	锡膏助焊层主要用于 SMD（表面贴装器件，Surface Mounted Devices）的安装，分为顶层助焊层和底层助焊层。锡膏助焊层利用钢网（Paste Mask）将黏稠状锡膏倒到电路板上再把 SMD 贴上去，完成 SMD 的焊接	顶层：灰 底层：深红
钻孔层	钻孔层主要用于提供制造过程中的钻孔信息，包括钻孔指示图（Drill Guide Drawing）和钻孔图（Drill Drawing）	钻孔指示图：深红 钻孔图：红
禁止布线层	禁止布线层用于定义放置元件和布线的区域，一般禁止布线区域必须是一个封闭的区域	紫红
多层	多层用于放置电路板上所有的穿透式焊盘和过孔	灰
网络飞线层	网络飞线是具有电气连接的两个实体之间的预拉线，表示两个实体是相互连接的。网络飞线不是真正的连接导线，实际导线连接完成后网络飞线将消失	灰

表 7.2 中所给的图层颜色均为系统默认状态下的颜色，如果在设计时想要更改图层的颜色，可以通过依次单击“Design”→“Board Layers & Colors”或者直接在 PCB 板图的图纸区按“L”键调用系统的图层及颜色设置对话框，如图 7.1 所示。

一般情况下，系统仅显示处于激活状态下的图层及其颜色。若需要显示更多的图层，则取消勾选“Only show layers in layer stack”复选框、“Only show planes in layer stack”复选框、“Only show enabled mechanical Layers”复选框即可。若需要将某个图层隐藏起来，则取消勾选该图层颜色框后的复选框即可。

在掌握各主要图层的作用及使用方法后，即可自制 PCB 封装。

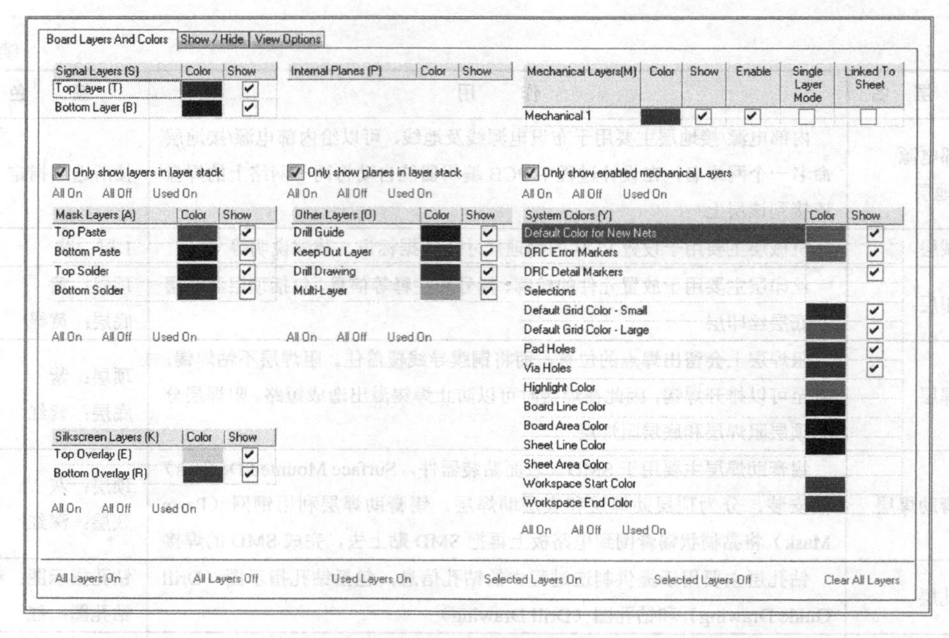

图 7.1　图层及颜色设置对话框

【任务实施】

PCB 封装的设计步骤与项目 4 中自制电路原理图元件的步骤有不少相似之处，具体步骤如下。

1. 创建并保存 PcbLib 文件

利用 Altium Designer 自制电路原理图元件时，必须先创建并保存一个 PcbLib 文件。创建并保存 PcbLib 文件的步骤如表 7.3 所示。

表 7.3　创建并保存PcbLib文件的步骤

步　骤		操 作 说 明	操 作 示 例
1 创建 文件	方法 1	依次单击“File”→“New”→“Library”→“PCB Library”，创建系统默认名为“PcbLib1. SchLib”的 PcbLib 文件	File Edit View Project Place Tools Reports Window Help New → Schematic / Project / Library → Component Library / Schematic Library / PCB Library Open... Close Open Project Open Design Script Files Mixed-Signal

续表

步骤		操作说明	操作示例
1 创建文件	方法 2	打开需要创建 PcbLib 文件的电路原理图并使其处于被编辑状态。依次单击“Design”→“Make PCB Library”，创建系统默认名与电路原理图同名的 PcbLib 文件	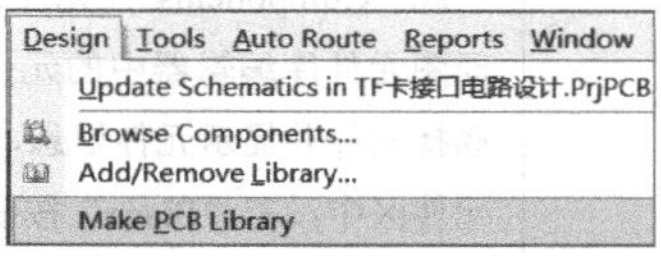
2 保存文件	方法 1	依次单击“File”→“Save”	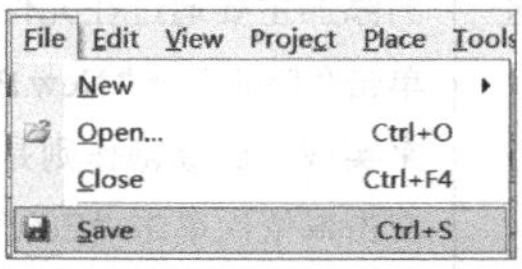
	方法 2	选中名为“PcbLib1. SchLib”的 PcbLib 文件，右击，在弹出的快捷菜单中选择“Save”命令	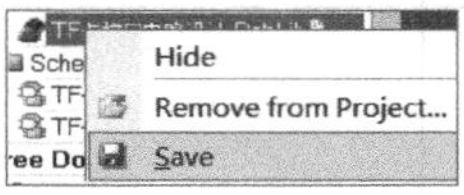
3 文件命名		在弹出的对话框中选择文件的保存路径或文件夹后，在“文件名”文本框中输入所需的文件名	
4 文件重命名	方法 1	选中需要重命名的 PcbLib 文件，右击，在弹出的快捷菜单中选择“Save As”命令，在弹出的对话框中选择文件的保存路径或文件夹后，输入需要重命名的文件名	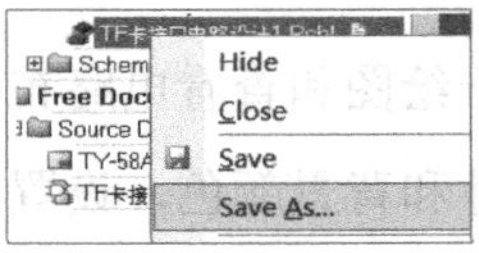
	方法 2	将软件关闭后，找到需要重命名的文件，选中该文件并右击，在弹出的快捷菜单中选择“重命名”命令，在文本框内输入新文件名	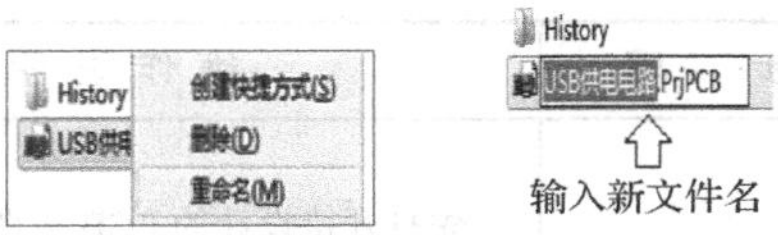

2．了解 PCB 封装库编辑器的主要工作界面

了解 PCB 封装库编辑器的主要工作界面的步骤如表 7.4 所示。

表 7.4　了解PCB封装库编辑器的主要工作界面的步骤

步骤	操作说明	操作示例
1 进入库编辑器	单击系统左下角的“PCB Library”标签，进入 PCB 封装库编辑器	

续表

步　骤	操 作 说 明	操 作 示 例
2 认识元件区	此“Components”（元件）区和电路原理图元件库编辑器中的元件区一样用于选择元件并显示元件信息，不同的是，此元件区中没有“Place”按钮、“Add”按钮、“Delete”按钮、“Edit”按钮。元件的添加主要通过在元件区内右击或依次单击“Tools”→“New Blank Component”来实现。删除操作则是通过在元件区内右击或依次单击“Edit”→“Delete”来实现	Components Name / Pads / Primitives PCBCOMPONE 0 0 New Blank Component Component Wizard... Cut Copy
3 封装鸟瞰区	封装鸟瞰区白色方框内所显示的图形，即编辑图纸界面内显示的封装详情	Files / Navigator / PCB Library / PCBLIB F

3．设置栅格

为便于绘图和查看电路布局，可在设计前设置好 PCB 板图及封装库编辑图纸界面的栅格尺寸和背景颜色，设置步骤如表 7.5 所示。

表 7.5　PCB板图及封装库编辑图纸界面的栅格尺寸和背景颜色设置步骤

步　骤		操 作 说 明	操 作 示 例
1 进入设计菜单		先打开待设计的 PCB 板图图纸文件，再依次单击“Design”→“Board Options”	Design / Tools / Auto Route / Reports / W Update Schematics in TF卡接口电路设计 Import Changes From TF卡接口电路设计 Board Options...
2 确定栅格单位	方法 1	单击“Board Options[mil]”对话框左上角的图标，选择“Toggle Units [mm/mil]”，可对图纸单位进行公制、英制单位转换	Board Options [mil] Measurement Unit Unit　Imperial
	方法 2	单击“Board Options[mil]”对话框中“Unit”的下拉列表，可对图纸单位进行公制、英制单位转换	Board Options [mil] Measurement Unit Unit　Imperial

续表

步　骤	操 作 说 明	操 作 示 例
3 进入栅格管理界面	单击“Board Options[mil]”对话框左下角的“Grids”按钮，进入“Grid Manager”（栅格管理）界面	Grids...　Guides...
4 进入栅格菜单	双击“Fine”或“Coarse”下的颜色框，弹出“Cartesian Grid Editor”（笛卡尔坐标栅格编辑器）对话框	Grid Manager Priority　Name　Description　Fine　Coarse 双击
5 更改栅格显示	在“Display”（显示）选区中，如右图（a）所示，“Fine”（小格）下拉列表对应的栅格显示形式分别为“Lines”（直线）、“Dots”（点）和“Do Not Draw”（不显示）。单击“Fine”颜色框可进行栅格颜色设置。“Fine”处设置的参数对应的是微小栅格的设置参数，如右图（b）中的浅灰色线条所示。 “Coarse”（大格）下拉列表对应的栅格显示形式分别为“Lines”（直线）、“Dots”（点）和“Do Not Draw”（不显示）。单击“Coarse”颜色框可进行栅格颜色设置。“Coarse”处设置的参数对应的是大栅格的设置参数，如右图（b）中的黑色圆点所示	Display Fine　Lines Coarse　Lines　Dots　Do Not Draw （a） （b） （c）

4．创建新的 PCB 封装

创建新的 PCB 封装的步骤如表 7.6 所示。

表 7.6　创建新的PCB封装的步骤

步　骤		操 作 说 明	操 作 示 例
1 创建新的PCB封装	方法 1	在“Component”区右击，在弹出的快捷菜单中选择“New Blank Component”（新的空白元件）命令	Components Name　Pads　Primitives New Blank Component Component Wizard...
	方法 2	在“Component”区右击，在弹出的快捷菜单中选择“Component Wizard”（元件向导）命令。注意：元件向导的操作仅适用形状及引脚满足特定要求的规则元件，详见本项目中【项目进阶】部分的介绍	Components Name　Pads　Primitives New Blank Component Component Wizard...

续表

步　骤		操 作 说 明	操 作 示 例
1 创建新的PCB封装	方法 3	依次单击“Tools”→“New Blank Component”（新的空白元件）	Tools Reports Window Help New Blank Component IPC Compliant Footprint Wizard...
2 封装更名		双击需要修改名称的封装，在弹出的“PCB Library Component[mil]”对话框中对系统默认的元件名“PCBComponent_1”（编号或为其他数值）进行修改	PCB Library Component [mil] Library Component Parameters Name PCBComponent_1 - duplicate

5．绘制封装轮廓

PCB 封装的制作主要包括封装轮廓的设计制作和焊盘的设计制作两项基本内容。在设计制作封装轮廓时，不需要很精确地绘制出元件的轮廓，只需要把主要轮廓形状显示出来，以便于后续编程、设备组装、检测和维修使用。在设计制作焊盘时，焊盘的中心间距要求精准，焊盘图形应尽可能符合引脚的截面形状，焊盘的尺寸应便于组装且不会对其邻近的焊盘或元件产生干涉。焊盘设计一般应满足 IPC-7351 标准或其他行业标准的要求。

在绘制封装轮廓时，“Place”菜单和“PCB Lib Placement”工具栏非常重要，常用绘图工具如表 7.7 所示。

表 7.7　常用绘图工具

绘图工具	操作说明	操作示例
1 线段	根据所在图层不同，线段的属性不同。 信号层：元件连接时的电线。 丝印层：封装轮廓。 机械层：加工时的尺寸轮廓。 由于在 Altium Designer 中不能像在 CAD 中一样直接精确地指定线段的长度和角度，因此，在绘制线段时，若需要精确地指定线段的各种属性，必须将其属性对话框调用出来，如右图所示	导线 开始 X: 5635mil Y: 3535mil 设置导线的起点坐标 设置导线宽度 宽 10mil 设置导线的终点坐标 结束 X: 5775mil Y: 3535mil 属性 设置导线所在层 层 Top Layer 锁定 网络 No Net 禁止布线区 设置导线所属网络 确认 取消

续表

绘图工具	操作说明	操作示例
2 坐标	图纸中任意点的具体坐标值的主要参数如下。 Text Width：字体宽度。 Text Height：字体高度。 Line Width：标记线宽。 Size：标记尺寸。 Location：标记的中心坐标。 Layer：标记所在图层。 Unit Style：标记数值对应单位的显示形式。 Font：字体	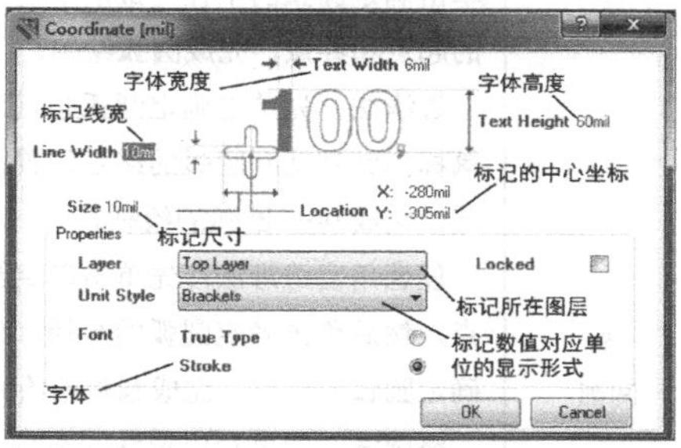
3 焊盘	为正确设计制作焊盘，需要正确填写“Pad[mil]”（焊盘属性）对话框中的各项参数。 Location：设置焊盘旋转角度、焊盘中心坐标。 Size and Shape：设置焊盘尺寸和形状。若焊盘情况复杂，可单击“Top-Middle Bottom”单选按钮或“Full Stack”单选按钮。 Hole Information：设置焊盘开孔形状及尺寸。 Properties：设置焊盘标识、焊盘图层、焊盘所属网络及开孔是否镀金。 Paste Mask Expansion：设置助焊值。 Solder Mask Expansion：设置阻焊值	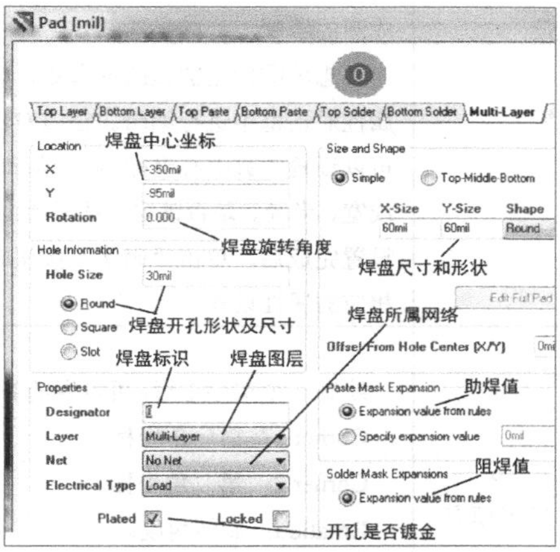
4 过孔	为正确设计元件过孔，需要正确填写“Via[mil]”（过孔属性）对话框中的各项参数。 Diameters：设置过孔的孔径大小、过孔的直径和过孔的位置。 Properties：设置过孔的起始层和结束层、过孔的网络标号以及放置后是否需要锁定。 Solder Mask Expansion：设置阻焊层。 Testpoint Settings：设置测试点所在层是顶层或底层	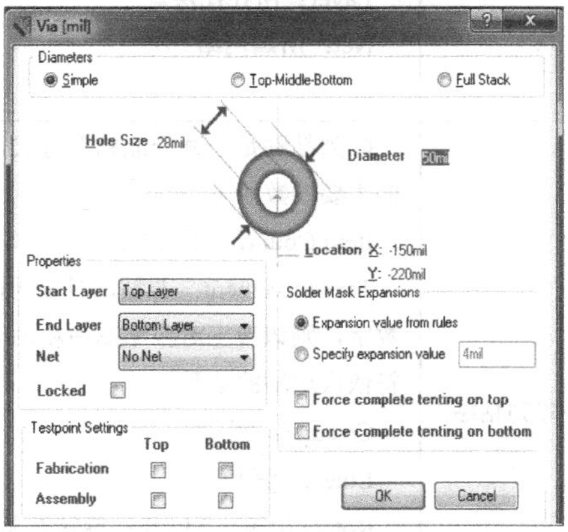
5 圆弧	绘制圆弧（Arc）有 4 种方法，按工具栏中图标顺序依次为：中心（Center）法、边缘（Edge）法、任意角度边缘（Any Angle）法和整圆（Full Circle）法。	（示例见下页）

续表

绘图工具	操作说明	操作示例
5 圆弧	中心法：先单击确定圆弧的中心，然后单击确定圆弧的半径，最后单击确定圆弧的起点和终点，完成圆弧绘制。 边缘法：先单击确定圆弧起点，然后将鼠标指针移动到圆弧的终点位置，单击确定，完成 90° 圆弧的绘制。 任意角度边缘法：先单击确定圆弧的起点，然后单击确定圆弧的半径，最后单击确定圆弧的终点，完成圆弧的绘制。 整圆法：圆可看成特殊的圆弧，先单击确定圆的中心，再单击确定圆的半径，完成圆的绘制。 要想精准确定圆弧的各参数，必须在其属性对话框中进行编辑。在该对话框中，可以设置圆弧中心坐标、起始角和结束角、线宽、半径、是否锁定、是否禁止布线等。设置完成后，单击“确认”按钮即完成了相应的属性设置	(1) 中心 (2) 边缘 (3)任意角度边缘 (4) 整圆 （a）用不同方法绘制的圆弧 圆弧 半径 141.156mil 宽 10mil 结束角 30.964 起始角 150.751 中心 X: 5443.96mil Y: 3532.376mil Y: 3532.376mil 属性 层 Top Layer 锁定 网络 No Net 禁止布线区 确认 取消 （b）“圆弧”对话框
6 矩形填充	绘制一个实心矩形，可设置的参数如下。 Corner 1：第一角坐标。 Corner 2：第二角坐标。 Rotation：旋转角度。 Layer：所在图层。 Net：所属网络	Fill [mil] Corner 2 X: -105mil Y: -390mil 第二角坐标 旋转角度 Rotation 0.000 第一角坐标 X: -235mil Corner 1 Y: -510mil 所在图层 Properties Layer Top Layer Net No Net Locked Keepout 所属网络 OK Cancel
7 阵列粘贴	阵列粘贴是一种智能粘贴方式，可设置的主要参数如下。 Item Count：粘贴总数。 Text Increment：若粘贴对象的标识符为数字，则该数字对应粘贴后粘贴对象标识符依次递增的数量。 Circular：圆形。 Linear：线性。 Rotate Item to Match：旋转对象。 Spacing（degree）：旋转间隔角度。 X-Spacing：X 方向间距增量。 Y-Spacing：Y 方向间距增量	粘贴总数 Setup Paste Array Placement Variables Item Count Text Increment 0 文本增量 Array Type Circular 圆形 Linear 线性 Circular Array 旋转对象 Rotate Item to Match Spacing (degrees) 45.000 旋转间隔角度 Linear Array X-Spacing 1000mil X方向间距增量 Y-Spacing 0mil Y方向间距增量 OK Cancel

续表

绘图工具	操作说明	操作示例
8 文本 A	输入新文本或编辑文本信息。双击待修改文本，在弹出的“String[mil]”对话框中，可以设置的主要参数如下。 Width：字宽。 Height：字高。 Rotation：文本旋转的角度。 Location：字符串所占区域形成的矩形范围的左下角坐标。 Text：文本内容。 Layer：文本所在图层。 Font：字体	

TF 卡的实物样图如图 7.2 所示。

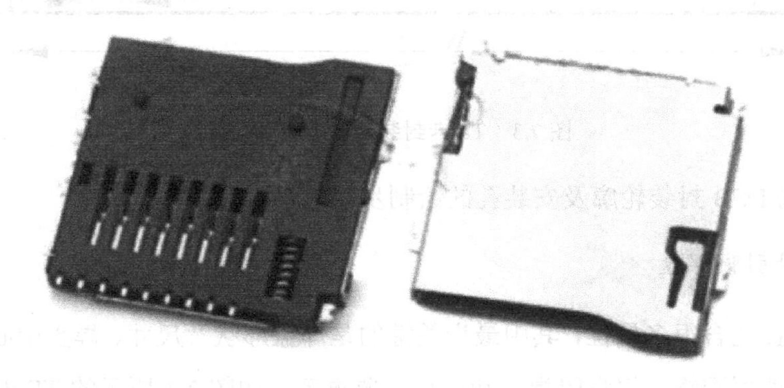

图 7.2　TF 卡的实物样图

由图 7.2 可见，TF 卡的轮廓并不规则，且其两侧和底部均有需要焊接的焊盘，外形比较复杂。但 PCB 封装实际对元件的轮廓要求并不高，不需要精确地把轮廓绘制出来，只要保证封装轮廓能包含元件最外缘轮廓即可。但 PCB 封装对焊盘外形和尺寸均有精确要求，需要查阅资料并进行精确计算。TF 卡封装的参考设计尺寸如图 7.3 所示。其中，两个小圆表示安装孔，最外围的矩形框代表组装时元件对应的轮廓，其余矩形框均代表元件对应的焊盘。

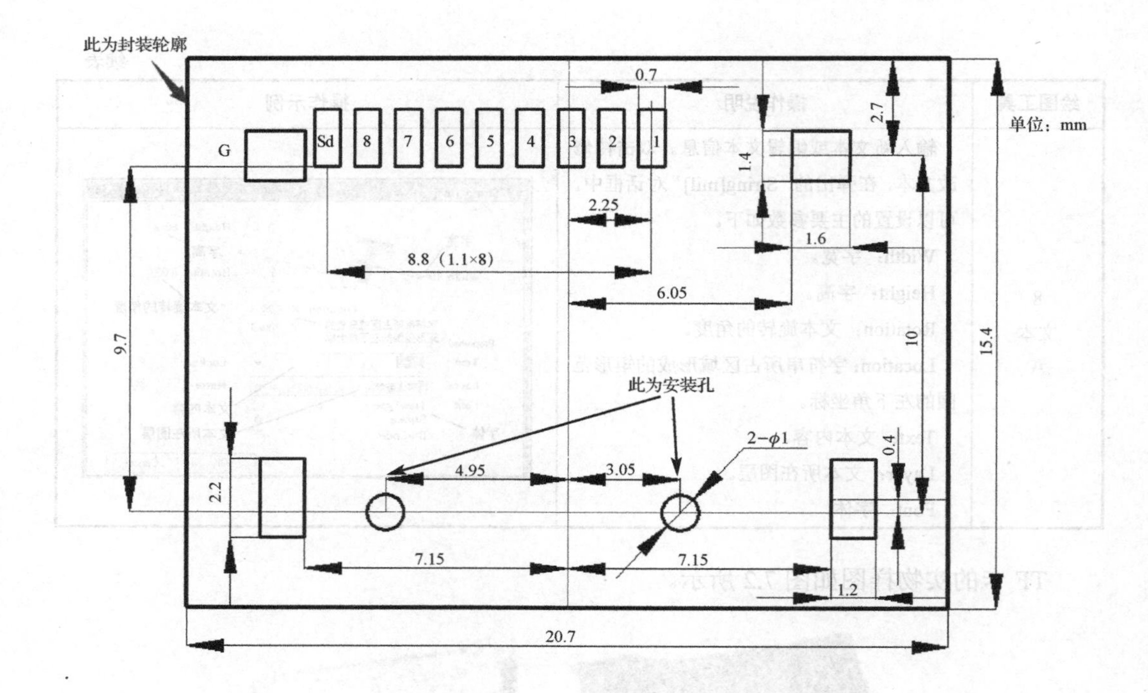

图 7.3　TF 卡封装的参考设计尺寸

TF 卡的 PCB 封装轮廓及安装孔的绘制步骤如表 7.8 所示。

6．设计引脚焊盘

元件焊盘包含很多属性，其中最为关键的是焊盘形状及尺寸、焊盘中心坐标、焊盘所在图层和所属网络、焊盘阻焊层和助焊层要求等。如图 7.3 所示的 TF 卡封装的参考设计尺寸对应的元件焊盘可以参考如表 7.9 所示步骤进行设计。TF 焊盘放置好后的参考图样如图 7.4 所示。

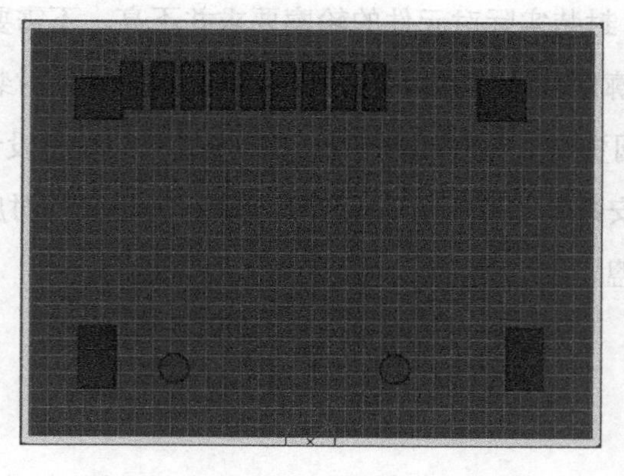

图 7.4　TF 焊盘放置好后的参考图样

表 7.8　TF卡的PCB封装外形轮廓及安装孔的绘制步骤

步　骤	操 作 说 明	操 作 示 例
1 确定图层	单击图纸底部的“Top Overlay”标签，将绘图图层切换至顶层丝印层	 Mechanical 1　Top Overlay　Bottom
2 计算轮廓关键点的坐标	通过查看元件的 DATASHEET 或者对元件进行测绘，经过适当轮廓简化后，可以得到如图 7.3 所示的 PCB 封装轮廓。 根据轮廓，选择适宜的坐标系，将元件轮廓顶点坐标计算出来。以矩形框底边中点为直角坐标系原点，矩形框 4 个顶点坐标如右图所示	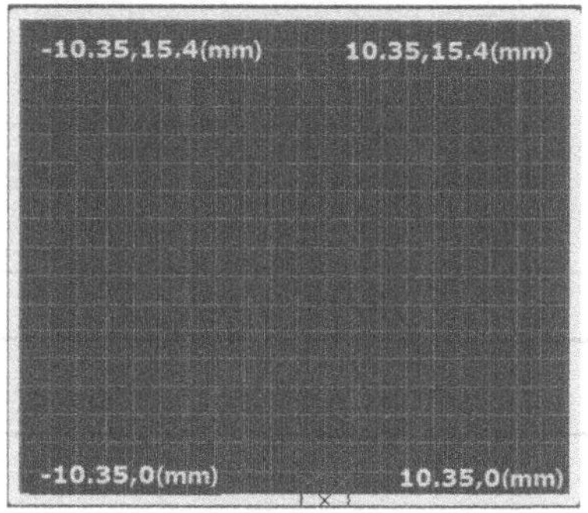 -10.35,15.4(mm)　10.35,15.4(mm) -10.35,0(mm)　10.35,0(mm)
3 绘制轮廓	单击工具栏中的图标，在图纸上任意画一条直线。随后调用该直线的属性对话框，在该对话框中输入前面已经计算好的顶点坐标，然后依次将矩形框剩余的三条边绘制好	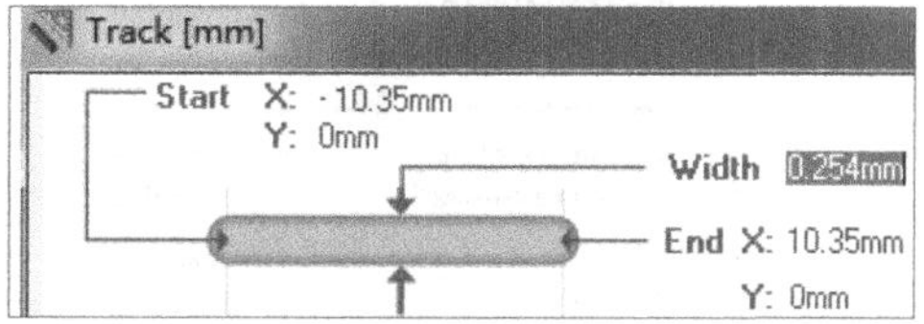 Track [mm] Start X: -10.35mm Y: 0mm Width 0.254mm End X: 10.35mm Y: 0mm
4 绘制安装孔	单击工具栏中的图标，在图纸上任意一点单击放置焊盘后，调用该焊盘的属性对话框，在该对话框中输入如下参数。 Location：焊盘中心的坐标，本例中虽然是放置安装孔，但安装孔可以视为一种孔壁没有金属镀层的插装孔，其中心坐标为(-4.95mm,2.7mm)。 Size and Shape：焊盘外围的轮廓形状和尺寸，本例中孔的形状为 Round，X 轴直径为 1mm，Y 轴直径为 1mm。	（示例见下页）

续表

步　骤	操作说明	操作示例
4 绘制 安装孔	Hole Information：若焊盘内部需要开孔或槽，则需要在“Hole Size”文本框中输入孔或槽的尺寸，并选择孔或槽的形状。本例中孔形状为 Round，尺寸为 1mm。 Designator：焊盘标识符，如果该焊盘需要与电路原理图中元件相匹配，则标识符名称必须与电路原理图元件的引脚标识一致。本例中安装孔不需要与电路原理图中元件相匹配，故标识符可以任意选取。 Layer：焊盘所在图层。对于需要上下贯穿 PCB 的孔，应将 Layer 属性定义为 Multi-Layer。 Plated：孔壁是否镀金，本例中应为否	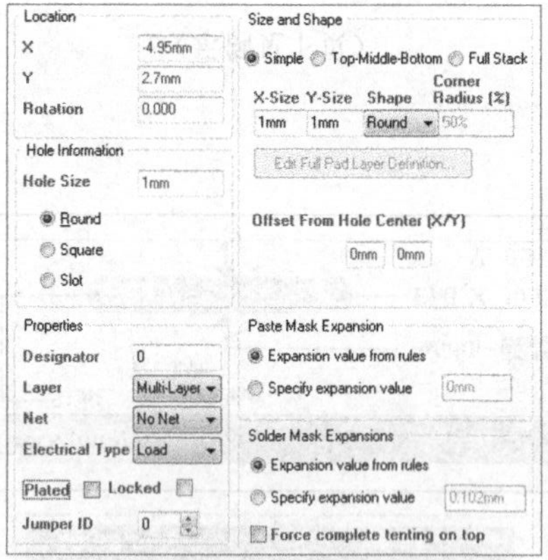

表 7.9　绘制TF卡的PCB封装焊盘

步　骤	操作说明	操作示例
1 绘制 1 号 焊盘	单击工具栏中的图标，在图纸上任意单击一点放置焊盘后，调用该焊盘的属性对话框，以图 7.3 中 9 个并排放置的焊盘为例，在该对话框中输入如下参数。 Location：1 号焊盘中心坐标为(2.25mm,13.2mm)。 Size and Shape：焊盘形状为 Rectangle，X 轴长 0.7mm，Y 轴长 1.6mm。 Hole Information：由于该焊盘是贴装焊盘，所以“Hole Size”为 0。 Designator：焊盘标识符为 1。 Layer：焊盘所在图层。由于焊盘是贴装的，故 Layer 属性定义为 Top Layer。 Net：因为 1 号引脚不需要与其他焊盘或引脚连接，故该焊盘所属网络为 No Net。 Plated：该焊盘为贴装焊盘，孔壁即焊盘表面本身，故应将对应的复选框选中	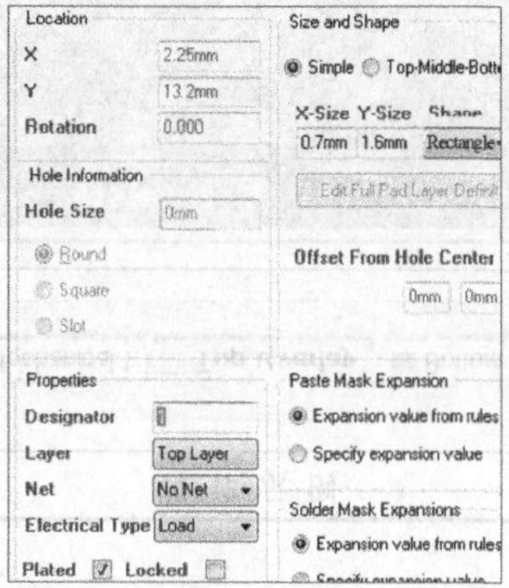

续表

序　号	操 作 说 明	操 作 示 例
2 阵列复制焊盘	由于复制目标为与 1 号焊盘在同一水平方向上、焊盘中心间距为 1.1mm 的 8 个焊盘，为复制时便于找到合适的参考点，可以多复制 1 个焊盘，待全部完成后，再删除多余的焊盘，具体操作如下。 先确定待阵列复制目标（本例中为 1 号焊盘）。 然后选择复制对象，单击复制命令后，在图纸中选择本次操作的基准点（本例中为 1 号焊盘的中心）。 随后调用“Paste Array”（阵列复制）命令。 依次输入阵列复制参数：“Item Count”为 9，“Text Increment”为 1，“Array Type”为 Linear，“X-Spacing”为-1.1mm（负号表示移动方向朝左），“Y-Spacing”为 0（说明 Y 方向没有变化）。 将 1 号焊盘的中心作为本次阵列复制的基准点。 待阵列复制完成后，查看本次复制的结果是否符合要求。 待检查并确认结果无误后，将因复制而多出的 1 号焊盘删除	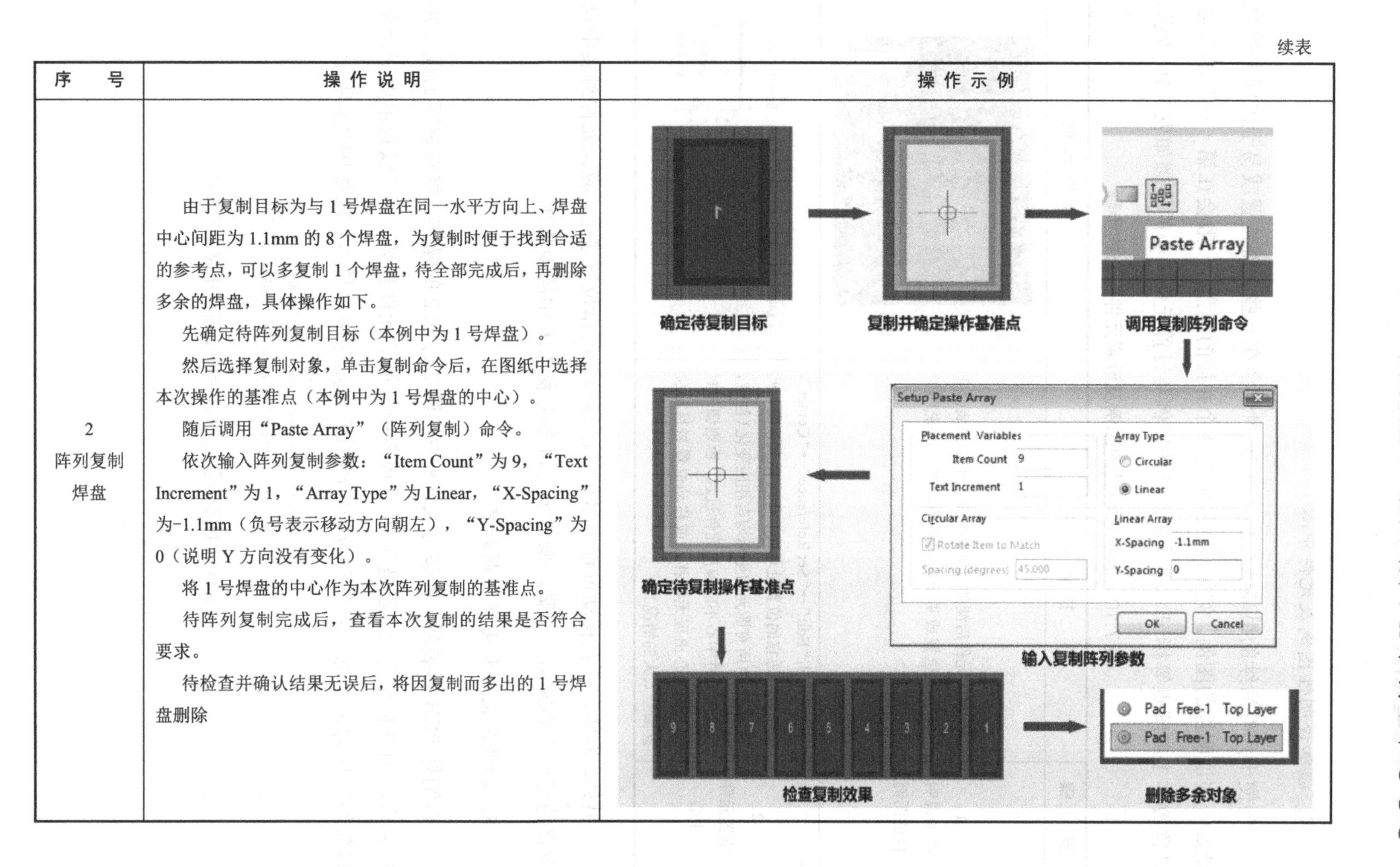

7．添加说明性图例及元件中心

为便于元件后续的组装或检测，PCB 封装会在一些关键位置或易于出问题的位置设置一些说明性的图例。例如，本例中有 9 个并排的焊盘，一般会在第一引脚的焊盘旁设置数字 1 或圆点等标记。添加说明性的图例及设置元件中心的步骤如表 7.10 所示。

表 7.10　添加说明性的图例及设置元件中心的步骤

步　骤	操 作 说 明	操 作 示 例
1 添加说明性的图例	为便于元件后续的组装和检测，PCB 封装会在一些关键位置或易于出问题的设置一些说明性的图例	
2 设置元件中心	依次单击“Edit”→“Set Reference”→“Center”，在图纸中适宜的位置处单击，即可完成设置，此时，封装中所有图元的坐标均有相应变化（注意，设定的元件中心不应偏离元件过远，否则调用封装时可能会出现无法移动或移动位置与目标位置偏差太大的情况）	

另外，为使元件在移动过程中尽量与鼠标指针所指位置接近，应在元件封装中设置适宜的元件中心或第一引脚，操作步骤可参考表 7.10 中的步骤 2。

8．加载库文件和更新自制封装

自制好 PCB 封装后，可参考表 4.8 中步骤 2 方法 2 的操作，将封装库加载好并将封装添加到自制元件上。若是在 PCB 板图中替换的元件封装，则可以利用更新命令，将新的元件封装信息更新到对应的电路原理图元件中，具体方法如图 7.5 所示。

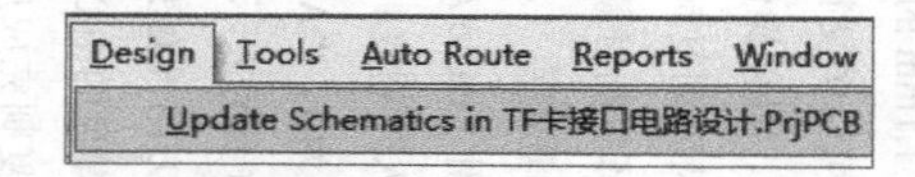

图 7.5　将 PCB 封装信息由 PCB 板图更新到电路原理图中

【经验分享】

Q1：如图 7.6 所示，为何某些矩形或方形元件的 PCB 封装轮廓的某一角会设计成 45° 斜边？

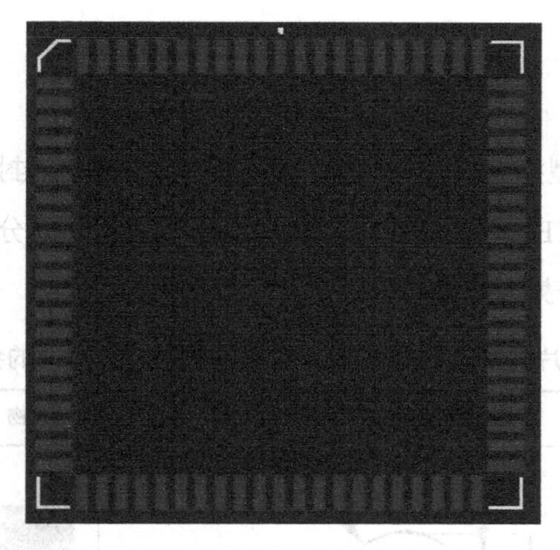

图 7.6 有 45°斜边轮廓设计的矩形元件的 PCB 封装

A1：此种设计意在提醒组装人员或检测人员，该斜边对应元件 1 号引脚。

Q2：在拖动元件封装时，发现鼠标无法拖动或封装移动位置距离目标位置极远，这是为什么？

A2：出现此类问题，说明元件封装的元件中心不在元件轮廓附近，而在距离元件轮廓较远或极远处。

Q3：为什么很多集成电路封装都是 SOP16，但是具体的尺寸（如宽度）却常常不一样？

A3：封装是有标准的，但是封装厂家不一定会按标准去做，因此封装尺寸会存在差异。另外，同类型的封装，因为引脚间距不同，封装的实际尺寸也会存在差异。例如，当输入输出引脚个数为 10～40 时，SOP 是应用最广的表面贴装封装，引脚中心距为 1.27mm，引脚个数为 8～44。引脚中心距小于 1.27mm 的 SOP 被称为 SSOP；装配高度不到 1.27mm 的 SOP 称为 TSOP。

Q4：除表 7.5 中介绍的公制、英制单位转换的方法以外，还有更快捷的方式吗？

A4：在 PCB 板图中，在英文输入状态下按“Q”键可实现公制、英制单位的转换。

【项目进阶】

（1）TY-58A 贴片型插卡音箱中有部分元件使用的是异形封装，需要通过查找资料后，自行制作相应的 PCB 封装。TY-58A 贴片型插卡音箱中部分需要自制的封装元件的参考尺寸和实物样图如表 7.11 所示。

表 7.11　TY-58A贴片型插卡音箱中部分需要自制的封装元件的参考尺寸和实物样图

元　件	封装参考尺寸/mm	实物样图	备　注
LED	φ3.81 3.46 2.3 0.47 0.4		封装参考尺寸中的黑色矩形部分为 LED 引脚实际截面
轻触开关	8.5 6 φ3.35 3.76 5.2 6		封装参考尺寸中的黑色矩形部分为引脚焊盘
贴片二极管	5.1 3.84 2.54 俯视图 1.4 1.5 仰视图		封装参考尺寸中的黑色矩形部分为俯视或仰视时所见的实际引脚

续表

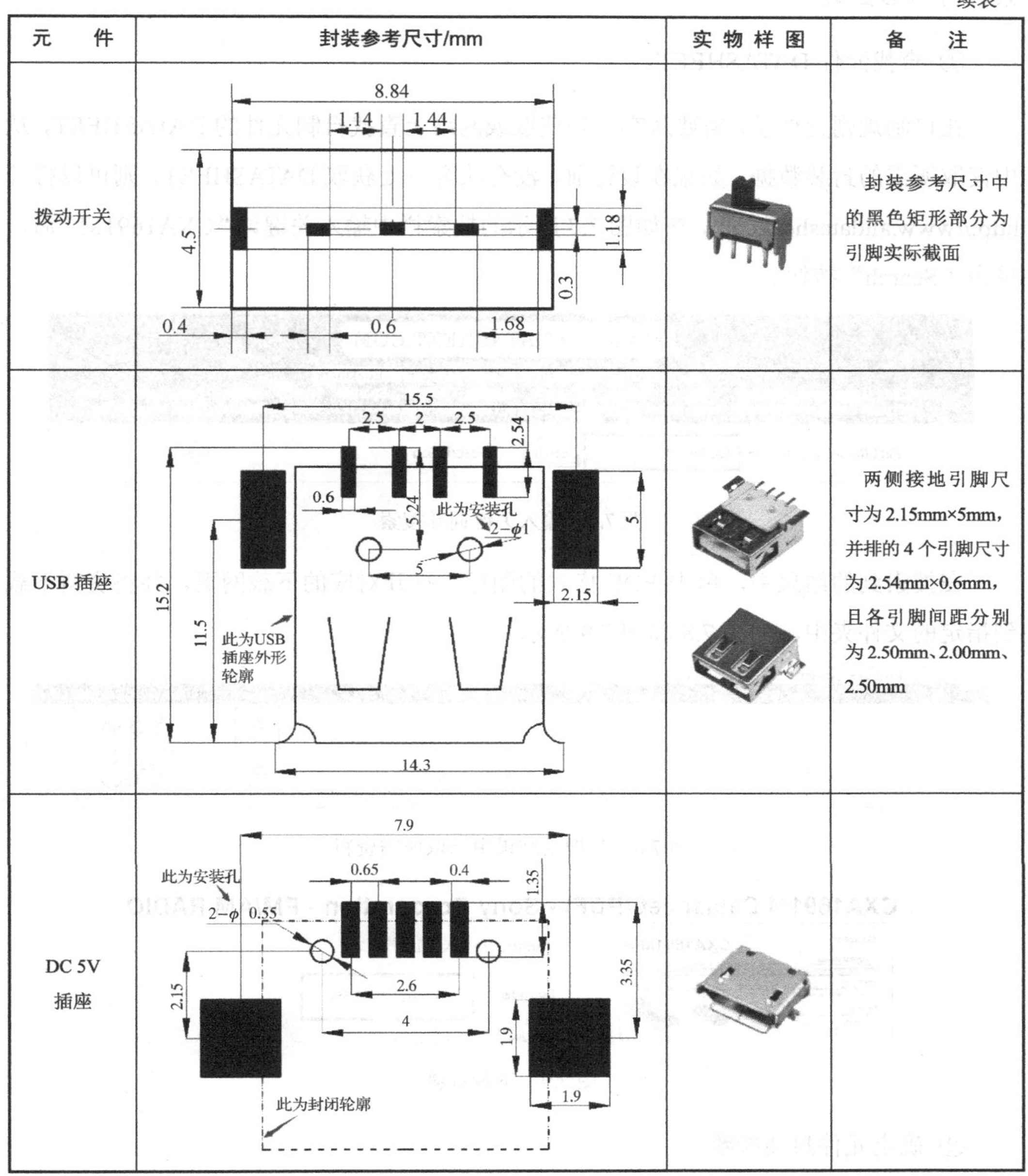

元　件	封装参考尺寸/mm	实物样图	备　注
拨动开关			封装参考尺寸中的黑色矩形部分为引脚实际截面
USB 插座			两侧接地引脚尺寸为 2.15mm×5mm，并排的 4 个引脚尺寸为 2.54mm×0.6mm，且各引脚间距分别为 2.50mm、2.00mm、2.50mm
DC 5V 插座			

（2）在【任务实施】中主要介绍了如何利用绘图工具来绘制 PCB 封装，但采用这种方法绘图速度较慢。如果需要自制封装的元件为元件向导中已有的元件类型，可以使用元件向导来自制 PCB 封装，以提高设计速度。

下面以图 6.10 中所列的 CXA1691M 集成电路的封装为例，说明如何利用元件向导来自制 PCB 封装。

① 查找元件 DATASHEET。

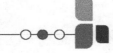

在自制规则元件前，需要从客户处获取或网络上查找自制元件的 DATASHEET，从中读取所需的封装数据。如果在设计前，没有从客户处获取 DATASHEET，则可以打开 http://www.alldatasheet.com，在如图 7.7 所示的搜索栏中输入关键词“CXA1691M”后，单击“Search”按钮。

图 7.7　输入关键词并搜索

在搜索到的结果中，单击 PDF 格式的图标，打开对应的下载网页，并将资料下载到指定的文件夹中，如图 7.8 和图 7.9 所示。

Search Partnumber : Match with "CXA1691M" - Total : 2 (1/1 Page)

NO	Part no	Electronics Description	View	Electronic Manufacturer
2	CXA1691M	FM/AM RADIO		SONY
1	CXA1691M	FM/AM RADIO CIRCUIT		TGS

图 7.8　从搜索结果中选取所需资料

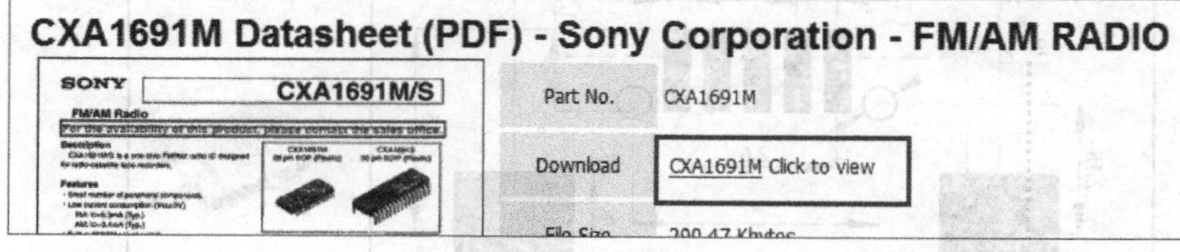

图 7.9　下载资料

② 确定元件封装参数。

将已经下载好的 CXA1691M 集成电路的 DATASHEET 打开，里面有关于元件功能、特征参数、各引脚作用的说明，相关测试电路和应用电路，以及元件对应的外形尺寸等信息。制作封装时，设计人员主要关心的是元件的引脚个数和排布方式、外形和尺寸，以保证元件能在 PCB 上正确安装。要实现上述目的，要先把对应的参数挑选出来并记录好。

首先，要确定元件的引脚数和引脚的排布方式。根据前期的电路设计可知，CXA1691M 集成电路中有 28 个引脚。由此，查找所下载资料 13 页上半部分“28 pin SOP（Plastic）”的相关尺寸，如图 7.10 所示。

由实物和所下载资料可知，元件的 28 个引脚对称分布在元件本体两侧，每侧各有 14 个引脚，引脚形状为翼形，为 SOP 类型的贴装元件。

其次，查找焊盘中心间距。一般情况下，焊盘中心间距等于引脚中心间距。查找 DATASHEET 上对应尺寸后，记下图 7.10 中方框内的数据，即 P=1.27mm。

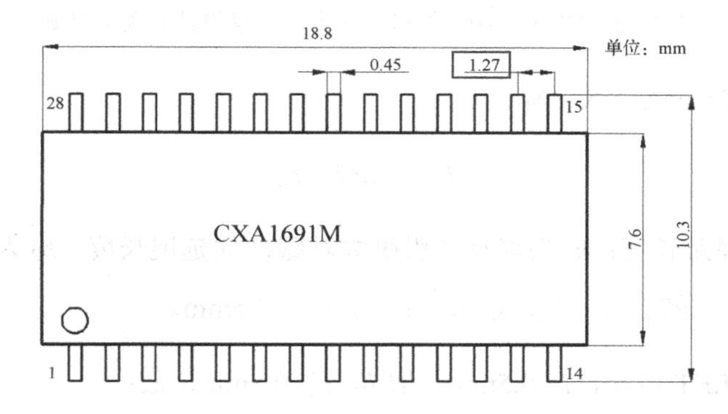

图 7.10　CXA1691M 外形尺寸

对于有翼形引脚的元件，其单个引脚的焊盘形状一般为矩形。翼形引脚的主要设计参数如图 7.11 所示。一般来说，矩形焊盘宽度设计的一般原则如下。

当元件引脚中心间距 P≤1.0mm 时，$W_{焊盘} \geq W_{焊趾}$。

当元件引脚中心间距 P≥1.27mm 时，$W_{焊趾} \leq W_{焊盘} \leq 1.2W_{焊趾}$。

由图 7.12 可知，$W_{焊趾}$=0.45mm，则 0.45mm≤$W_{焊盘}$≤0.54mm，此处取 $W_{焊盘}$=0.45mm。

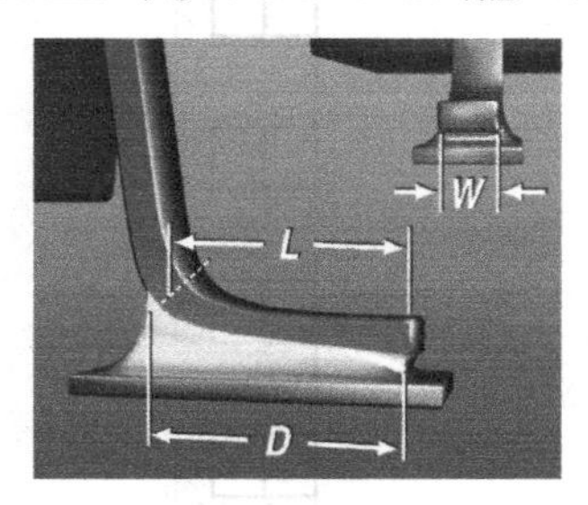

图 7.11　翼形引脚的主要设计参数

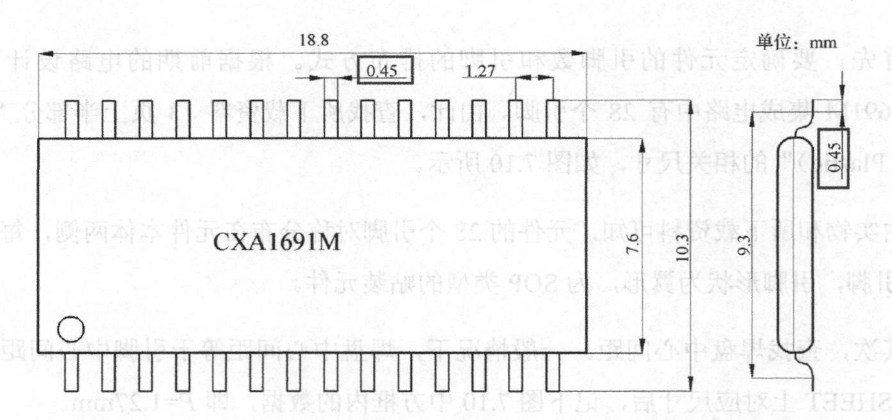

图 7.12　CXA1691M 外形尺寸中与焊盘设计相关的参数

焊盘长度则按下述公式计算：

$$L_{焊盘}=L+b_1+b_2$$

式中，L 为引脚焊趾长度；b_1 为焊盘在引脚焊趾跟部的延展长度；b_2 为焊盘在引脚焊趾趾部的延展长度。通常，$b_1=b_2$，取值范围为 0.3～0.5mm。

由 DATASHEET 可知，L=0.5mm，取 $b_1=b_2$=0.5mm，故：

$$L_{焊盘}=0.5+0.5+0.5=1.5\text{（mm）}$$

一般情况下，焊盘宽度 $W_{焊盘}$ 等于引脚宽度 $W_{焊趾}$，焊盘长度取 2.0mm±0.5mm。

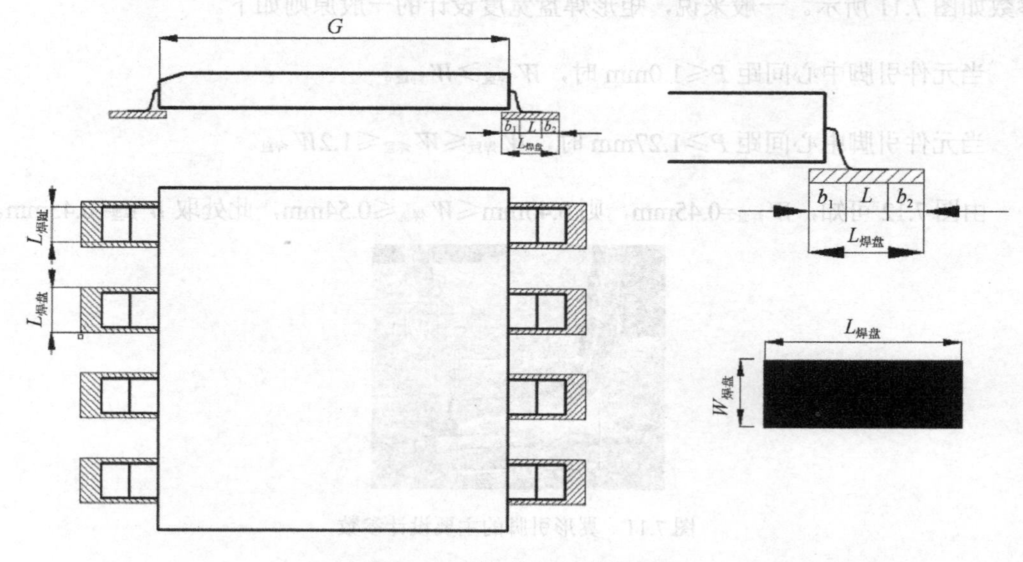

图 7.13　焊盘设计相关的参数

注意：若引脚为其他形状，如图 7.14 所示，则须根据设计要求重新计算焊盘尺寸。不同形状引脚的焊盘设计可以参考 IPC-SM-782A 标准中的相关内容。

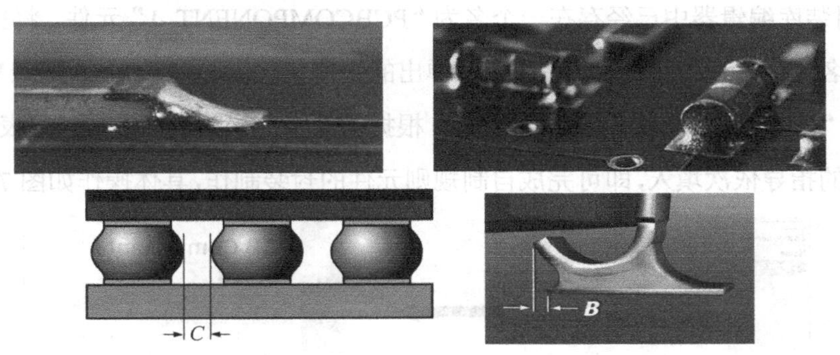

图 7.14　其他形状引脚

记下单个焊盘尺寸后，需要计算相对两排焊盘的间距 G。

乍一看，可能会感觉图 7.12 中并未标注相对两排焊盘的间距 G。但我们得注意到，元件两排引脚焊趾的中心应该落在焊盘的中心处。因此，由图 7.12 中到两排元件引脚焊趾中心的间距，即可得到相对两排焊盘的间距 G：

$$G=9.3+(10.3-9.3)/2=9.8\ (\text{mm})$$

此时，将计算所得数据整理如表 7.12 所示。

表 7.12　CXA1691M设计参数表

元件名	元件类型	单个焊盘			焊盘间间距 P/mm	相对两排焊盘间距 G/mm	引脚个数
		形状	长度/mm	宽度/mm			
CXA1691M	Small Outline Package（SOP）	矩形	1.5	0.45	1.27	9.8	28

接下来，利用 PCB 封装库中的模板向导来自制规则元件的封装。

③ 创建 PCB 封装库。

参照表 7.3 中的步骤创建 PCB 封装库。

④ 自制规则元件封装。

单击屏幕左下方的“PCB Library”标签进入 PCB 封装库编辑器。此时，屏幕左侧的 PCB 封装库编辑器中已经存在一个名为“PCBCOMPONENT_1”元件。将鼠标指针放在该文件名上或附近的空白处，右击，在弹出的快捷菜单中选择“Component Wizard”命令，弹出“PCB Component Wizard”界面。根据前面整理好的设计参数（见表 7.12），按模板向导的指导依次填入，即可完成自制规则元件的封装制作，具体操作如图 7.15 所示。

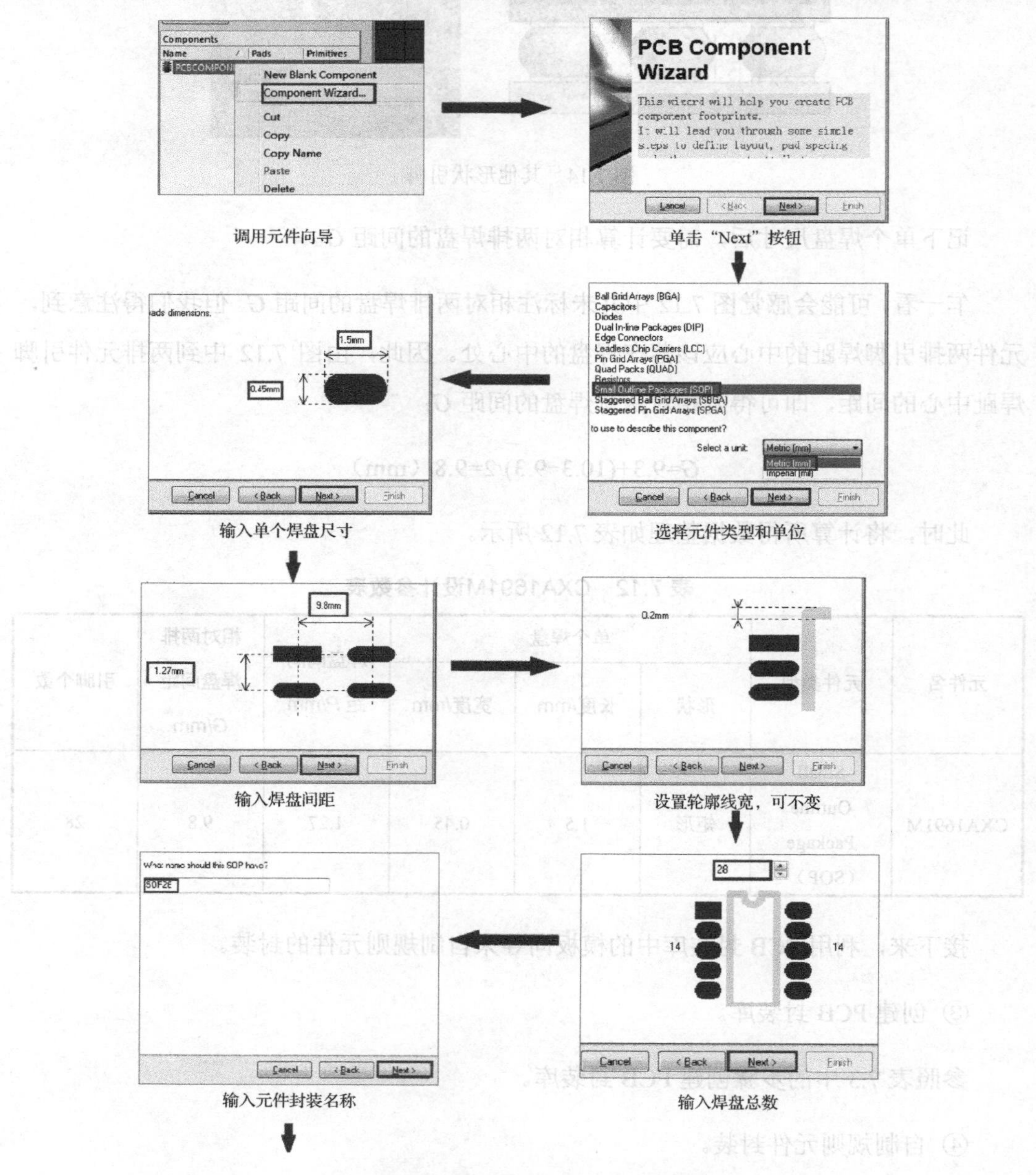

图 7.15　自制规则元件封装的具体操作

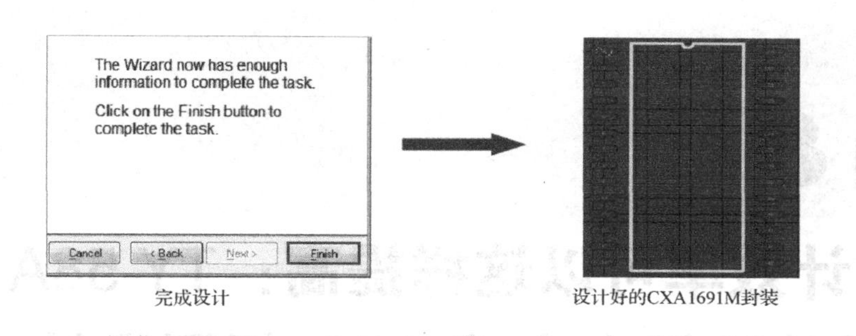

图 7.15　自制规则元件封装的具体操作（续）

注意：完成上述步骤后，还要设置元件的参考点并保存设计。一般情况下，对于集成电路而言，参考点为第一引脚，插件设置为元件中心，如图 7.16 所示。

另外，如果需要对元件重新命名，选中需要命名的元件并右击，在弹出的快捷菜单中选择“元件属性”命令，可进行重命名，如图 7.17 所示。

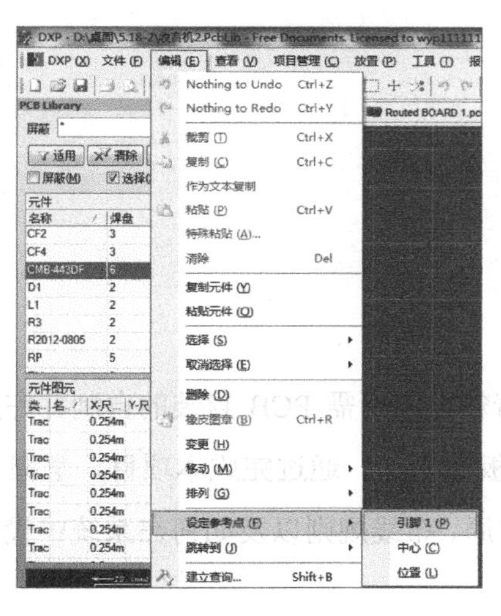

图 7.16　设计元件参考点

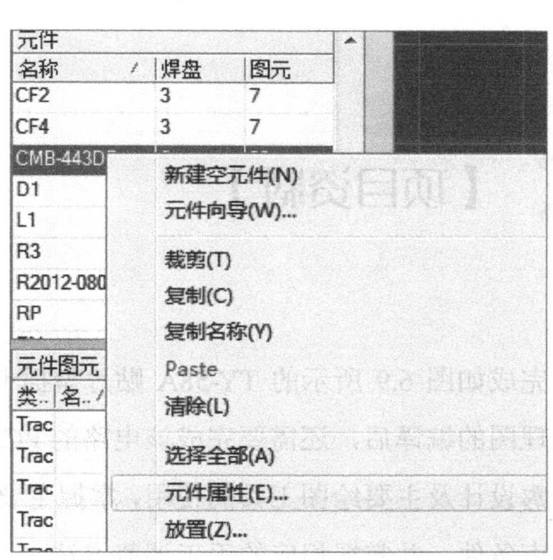

图 7.17　元件重命名

项目 8

设计效率可以这样提高：TY-58A 贴片型插卡音箱 PCB 板图设计

【项目资料】

完成如图 6.9 所示的 TY-58A 贴片型插卡音箱电路所需 PCB 封装的自制并完成电路原理图的编译后，还需要完成该电路的 PCB 板图设计。通过完成本项目，掌握 PCB 的轮廓设计及主要绘图工具的使用，掌握主要布局、布线规则以及如何在系统中设定相关约束条件，并掌握相应的手工调整方法。

【任务描述】

本项目的任务是通过设计并制作 TY-58A 贴片型插卡音箱电路对应的 PCB 板图，达成以下学习目标。

（1）掌握 PCB 板图设计环境的设置方法。

（2）掌握 PCB 板图设计主要绘图工具的使用方法。

（3）掌握 PCB 布局、布线规则。

（4）掌握如何在系统中设置有关布局、布线方法的约束条件。

（5）掌握手工调整布局、布线的方法。

【任务分析】

为完成图 6.9 中各插件的封装设计与制作，首先要理顺 PCB 板图的设计流程。

1）设计的前期工作

PCB 板图设计的前期工作主要是利用电路原理图设计工具绘制电路原理图，并且生成网络表和完成编译工作，确保电路原理图图纸没有问题。在某些特殊情况下，如电路比较简单时，可以不进行电路原理图设计而直接进入 PCB 板图设计系统，在 PCB 板图设计系统中，可以手动布线，也可以利用网络管理器创建网络表后进行半自动布线。

2）设置 PCB 板图设计环境

设置 PCB 板图设计环境是 PCB 板图设计中非常重要的步骤，主要内容有设置电路板的结构、尺寸、板层参数、格点的大小和形状，以及布局参数，大多数参数可以用系统的默认值。

3）更新网络表和设置 PCB 板图文件

网络表是 PCB 自动布线的灵魂，也是电路原理图和 PCB 板图设计的接口，只有将网络表引入 PCB 后，Altium Designer 才能进行 PCB 的自动布线。但 Altium Designer 15 不需要单独执行更新网络表命令，只需要正确完成相关的由电路原理图到 PCB 板图的更新即可。对于异形 PCB，可在创建好 PCB 板图文件后，再在对应的编辑界面绘制相应的 PCB 轮廓。

4）更改封装

在电路原理图设计的过程中，ERC 检查不会涉及元件的封装问题。因此，在进行电路原理图设计时，元件的封装可能被遗忘或使用不正确，在引入网络表时可以根据实际情况来修改或补充元件的封装。正确装入网络表后，系统会自动载入元件封装，根据规则对元件自动布局并产生飞线。若自动布局不够理想，还需要手动调整元件布局。

5）布线规则设置

布线规则即设置布线的各种规范，如安全间距、导线宽度等，是自动布线的依据。布线规则设置也是 PCB 板图设计的关键之一，需要一定的实践经验。

6）自动布线

Altium Designer 15 的自动布线功能比较完善，也比较强大，它采用先进的无网格设计，一般情况下如果参数设置合理、布局妥当，就会很成功地完成自动布线。

7）手工调整布局、布线

很多情况下，自动布线后我们会发现布线不尽合理，会出现拐弯太多等问题，这时必须手工调整布局、布线。

8）保存文件

保存设计的各种文件，包括 PCB 文档、物料清单等。

【任务实施】

PCB 板图设计工作中的不少操作方法在前文中已经介绍过了，本项目重点介绍与前面内容不同的内容。

1. 设计的前期工作

可以结合项目 2 至项目 5 中介绍的内容，确保电路原理图图纸没有问题并能顺利

完成 PCB 板图的更新。

2．设置 PCB 板图的设计环境

设置 PCB 板图的设计环境主要包括设置 PCB 板图的外形结构和尺寸、栅格的形状和大小、绘图时的辅助功能、度量单位、图纸原点等，如图 8.1 和图 8.2 所示。其中，设置图纸原点时，只需要依次单击“Edit”→“Origin”→“Set”后，再在图纸中的适当位置单击，即可设定新的图纸原点。

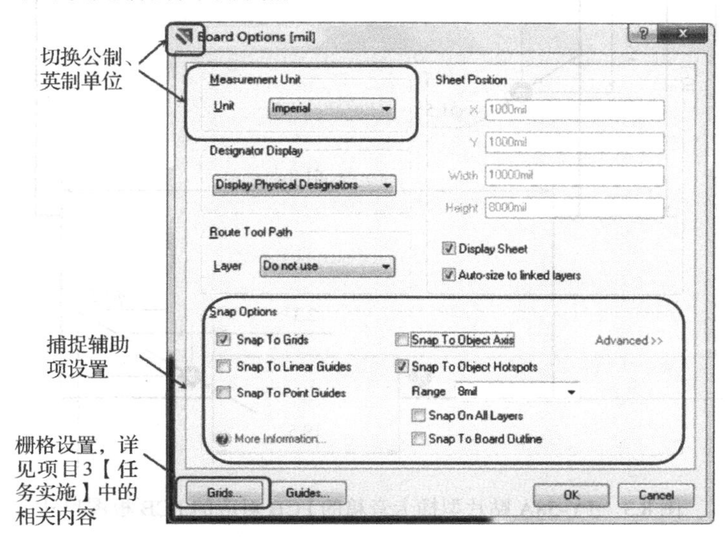

图 8.1　PCB 板图基本参数设置

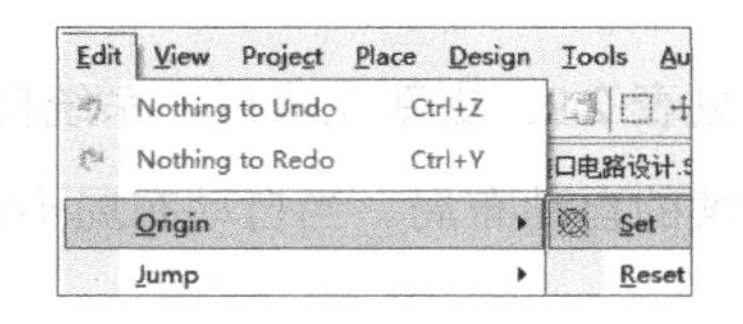

图 8.2　图纸原点设置

3．更新网络表和 PCB 板图

使用 Altium Designer，不需要单独生成网络表后再转换为 PCB 板图，只需要完成相关的由电路原理图到 PCB 板图的更新即可，具体操作步骤见表 2.8。

TY-58A 贴片型插卡音箱的 PCB 对应的 PCB 板图尺寸如图 8.3 所示。由图 8.3 可知，该 PCB 为异形板，不便于使用 PCB 向导来创建 PCB 板图文件。因此，绘制该 PCB 轮廓时，可先创建好 PCB 板图文件，在选定机械层后，利用直线命令来绘制对应的 PCB 轮廓。

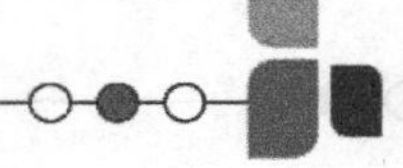

注意：图 8.3 中的小孔为安装孔，在使用焊盘命令绘制安装孔时，要取消勾选“Plated”（镀层）复选框。

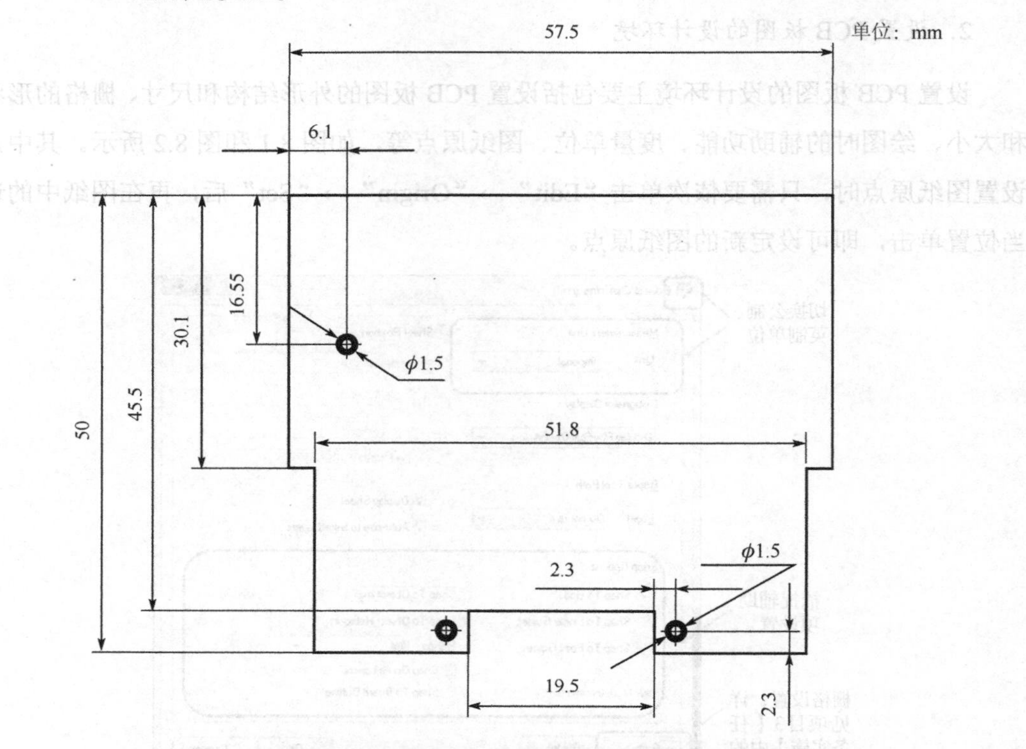

图 8.3 TY-58A 贴片型插卡音箱的 PCB 对应的 PCB 板图尺寸

4. 更改封装与布局

更改元件封装的步骤详见表 2.9。更新完成后，系统自动载入元件封装，并根据规则对元件产生飞线，便于后续的自动布局。当自动布局不够理想时，还需要根据表 8.1 中的原则手动调整元件布局。

表 8.1 元件布局时应遵循的基本原则

类 型	主 要 内 容
一般性原则	为便于自动焊接，应保证元件距离 PCB 边缘有 3～5mm 的空白区域用于传送。若 PCB 上没有足够的空白区域，可考虑添加工艺传送边
	在通常情况下，所有的元件均应布置在 PCB 的顶层。当顶层元件过密时，可考虑将一些高度有限并且发热量小的元件，如电阻、贴片电容等放在底层
	在保证电气性能的前提下，元件应放置在栅格上且相互平行或垂直排列，以求整齐、美观，一般情况下不允许元件重叠；元件排列要紧凑，输入和输出元件尽量远离
	元件在整个板面上的分布应紧凑，尽量缩短元件间的布线长度
	将可调元件布置在易调节的位置

续表

类　型		主 要 内 容
一般性原则		某些元件或导线之间可能存在较高的电位差，应加大它们之间的距离，以免放电击穿引起短路
		带高压的元件应尽量布置在调试时手不易触及的地方
其他原则	信号流向	按照信号的流向确定电路各个功能单元的位置，以每个功能单元的核心元件为中心，其余元件围绕它进行布局
		元件的布局应便于信号流通，使信号流向尽可能保持一致。信号的流向常安排为从左到右或从上到下，与输入、输出端直接相连的元件应当放在靠近输入、输出接插件或连接器的地方
	抑制电磁干扰	对干扰源以及对电磁感应较灵敏的元件进行屏蔽或滤波，屏蔽罩应接地
		加大干扰源与对电磁感应较灵敏元件之间的距离
		尽量避免高、低压元件相互混杂，避免强、弱信号元件交错在一起
		对于高频电路，输入、输出元件的距离应尽量远
		尽可能缩短高频元件和大电流元件之间的连线，以减少分布参数的影响
		当采用数字逻辑电路时，在满足使用要求的前提下，尽可能选用低速元件
		当 PCB 中有接触器、继电器、按钮等元件时，操作它们时均会产生较强火花放电，必须采用 RC 浪涌吸收电路来吸收放电电流。一般 R 取 1～2kΩ，C 取 2.2～47μF
		CMOS 元件的输入阻抗很高且易受感应，因此要对不使用的端口进行接地或接正电源处理
	抑制热干扰	对于发热元件，应优先安排在利于散热的位置，必要时可以单独设置散热器或小风扇，以降低温度，减少其对邻近元件的影响
		一些功耗大的集成电路、大功率或中功率管、电阻等元件，要布置在容易散热的地方，并与其他元件隔开一定距离
		热敏元件应紧贴被测元件并远离高温区域，以免受到其他发热元件的影响而产生误动作
		PCB 双面放置元件时，底层一般不放置发热元件
	可调元件的布局	对于电位器、可变电容器、可调电感线圈或微动开关等可调元件的布局，应考虑整机的结构要求：若是机外调节，则其位置要与调节旋钮在机箱面板上的位置相适应；若是机内调节，则其应放置在 PCB 上易于调节的位置

5．布线规则设置

在进行自动布线前，需要对系统中的布线规则进行合理的设定，以保证自动布线的布线效果达到设计要求。因为布线规则的设定非常烦琐，同时也依赖于设计人员的经验，所以设计人员需要多加练习。一般情况下，常用的布线规则如表 8.2 所示。

6．自动布线

完成布线规则设置后，依次单击“Auto Route”→“All”，在弹出的对话框中不修改任何参数，直接单击右下角的“Route All”按钮。待自动布线完成之后，可以人工检验布线的效果。

7．手工调整布局、布线

在很多情况下，自动布线后会发现布线不尽合理：①某些线路很“绕”或过长。这些线路如果采用过孔等手段则可以大大缩短布线距离。②某些电源或接地线路的布线和其他类型的电路布线宽度相同，不一定能满足电路的设计要求。③若前期电路布局不合理，通过依次单击“Tools”→“Design Rule Check”进行检查，会发现有些地方的电路还没有完成布线工作。④也有可能存在线路间的间隔不合理、线路的转折方式不恰当等问题。

手工调整元件放置板面的步骤、手工调整布线宽度的步骤，以及手工调整顶层、底层元件电气连接的步骤分别如表 8.3、表 8.4 和表 8.5 所示。

8．保存文件

保存设计的各种文件，包括 PCB 文档、物料清单等。TY-58A 贴片型插卡音箱 PCB 实物样图如图 8.4 所示。

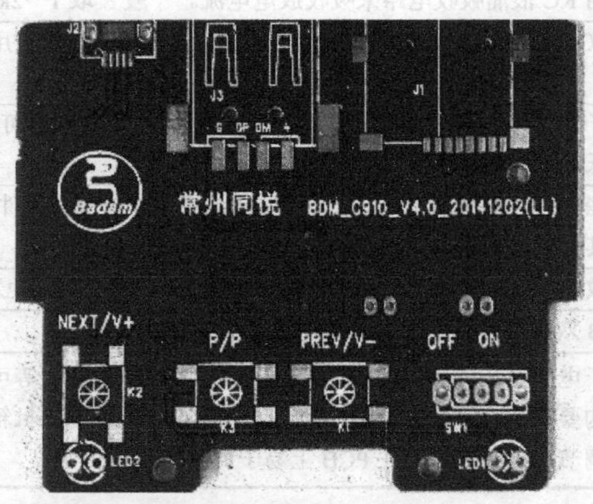

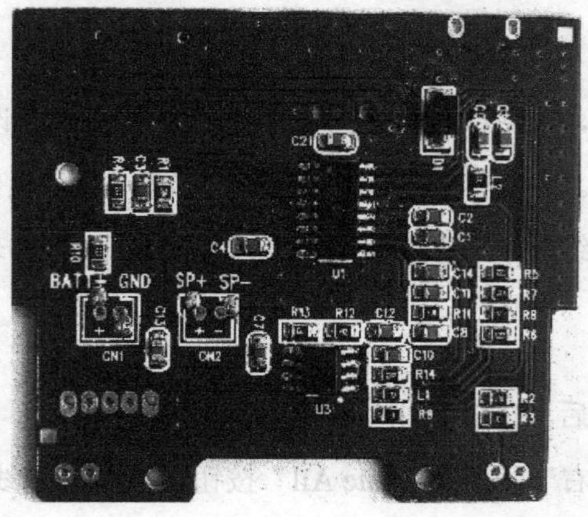

图 8.4　TY-58A 贴片型插卡音箱 PCB 实物样图

表 8.2 常用的布线规则

布线规则	操作说明	操作示例
1 开启设计规则约束窗口	依次单击“Design”→“Rules”，弹出“PCB Rules and Constraints”对话框。设置的约束有九大类，本项目主要介绍 Electrical（电气）规则和 Routing（布线）规则	Design Tools Update Schen Import Chang Rules... → PCB Rules and Constraints Design Rules Electrical Routing SMT Mask Plane Testpoint Manufacturing High Speed
2 电气规则设置范围	Electrical（电气）规则包含以下子项。 Clearance：安全间距。 Short-Circuit：短路。 Un-Routed Net：未连接网络。 Un-Connected Pin：未连接引脚。 由于 Un-Routed Net 和 Un-Connected Pin 这两个规则没有约束条件，只起检查作用（前者是检查布线的网络未完成率，后者是检查没有指定网络的引脚和没有导线连接的引脚），故本表中不介绍其使用方法	Design Rules Electrical Clearance Short-Circuit Un-Routed Net Un-Connected Pin
3 布线规则设置范围	Routing（布线）规则包含以下子项。 Width：布线宽度。 Routing Topology：布线拓扑。 Routing Priority：布线优先级。 Routing Layers：布线图层。 Routing Corners：布线拐角。 Routing Via Style：布线过孔类型。 Fanout Control：扇出控制。 Differential Pairs Routing：差分对布线。 本表中主要介绍 Width、Routing Topology、Routing Priority、Routing Layers、Routing Corners 和 Routing Via Style	Design Rules Electrical Routing Width Routing Topology Routing Priority Routing Layers Routing Corners Routing Via Style Fanout Control Differential Pairs Routing

续表

布线规则	操作说明	操作示例
4 安全间距	安全间距（Clearance）是指电路板上两个电气对象间的电气安全间距，其设置方法如下。 进入“PCB Rules and Constraints”对话框，依次单击“Electrical”分类和“Clearance”分类前的“＋”，右击“Clearance”，在弹出的快捷菜单中选择“New Rule”命令，创建名为“Clearance_1”的安全间距规则，如右图（a）所示。 选择“Clearance_1”规则，打开具体的规则设置对话框，如右图（b）所示。 新规则名称可以使用系统默认名，也可以根据需要进行重命名。 设置匹配电气对象时，因安全间距为两个电气对象之间的距离，因此需要分别设置两个电气对象之间的网络及网络类型或其他匹配信息。 本例中，将接地网络之间的电气安全间距设置为20mil。 当设置两个及以上不同的安全间距规则时，单击“PCB Rules and Constraints”对话框左下角的“Priorities”（优先级）按钮，弹出“Edit Rule Priorities”（编辑规则优先级）对话框，该对话框中显示了规则类型（Rule Type）、规则优先级、范围和属性等，优先级的设置可通过“Increase Priority”（增加优先级）按钮和“Decrease Priority”（减小优先级）按钮实现	 （a）新建安全间距规则 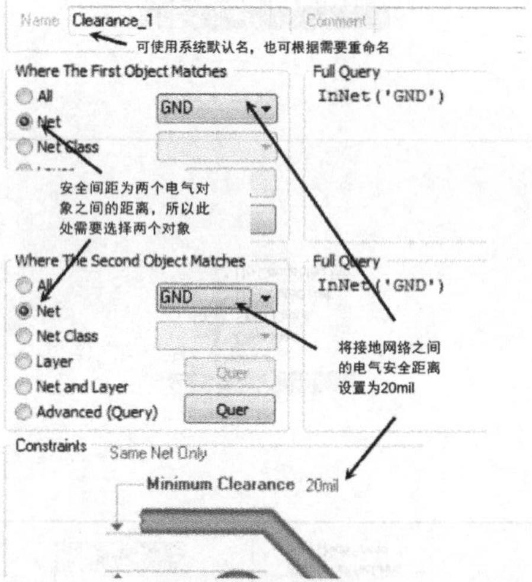 （b）安全间距规则参数设置
5 短路	短路（Short-Circuit）规则用于检查两个电气对象之间是否存在短路现象，主要应用于具有多个电源的复杂电路。例如，一个电路有数字地与模拟地，它们最终是短接在一起的，所以这两个网络是允许短路的	本项目中的电路比较简单，不需要设置此规则

续表

布线规则	操作说明	操作示例
6 布线宽度	布线宽度（Width）规则用于设置布线时铜箔导线的宽度，而铜箔导线的宽度主要是由导线允许流过的最大电流决定的。 布线宽度规则的添加及优先级设置与本表中安全距离的设置相似。 设置布线宽度规则的参数时，注意不要与其他规则的参数重名，修改布线宽度约束时，应从 Max Width（最大尺寸）开始设置	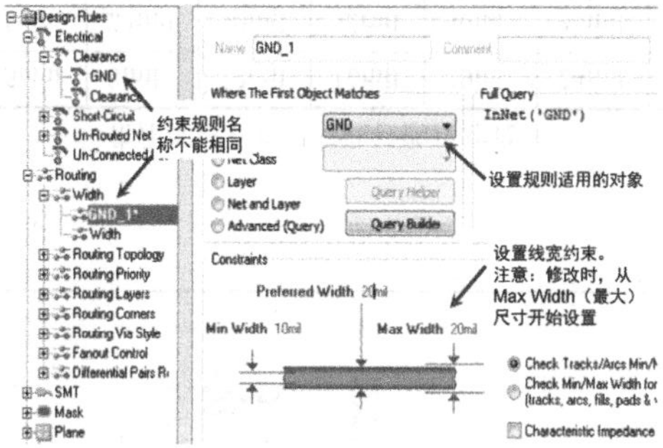
7 布线拓扑	布线拓扑（Routing Topology）规则采用的是布线的拓扑逻辑约束。Altium Designer 中常用的布线拓扑规则为最短拓扑逻辑规则，用户可以根据具体设计选择不同的布线拓扑规则。Altium Designer 中主要的布线拓扑规则如右图所示	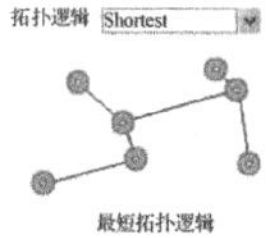 最短拓扑逻辑 布线时所有节点的连线最短规则 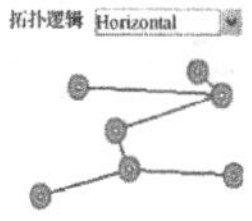 水平拓扑规则 节点在水平方向的连线最短规则 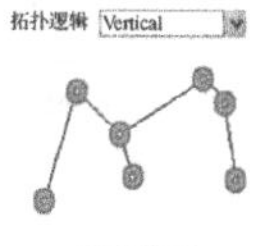 垂直拓扑规则 节点在垂直方向的连线最短规则 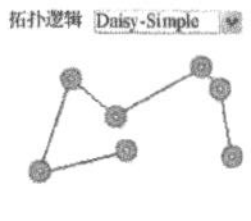 简单雏菊规则 使用链式连通法则，从一点到另一点连通所有的节点，并使连线最短 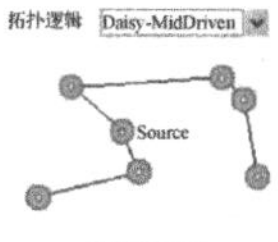 雏菊中点规则 选择一个 Source（源点），以它为中心向左右连通所有的节点，并使连线最短 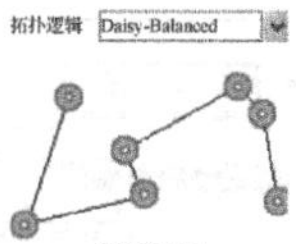 雏菊平衡规则 选择一个源点，将所有的中间节点数目平均分组，所有的组都连接在源点上，并使连线最短 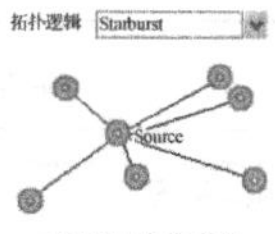 Star Burst（星形）规则 选择一个源点，以星形方式去连接别的节点，并使连线最短 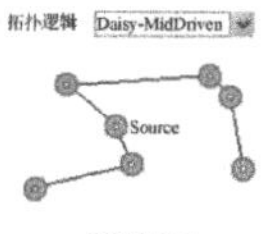 雏菊中点规则 选择一个 Source（源点），以它为中心向左右连通所有的节点，并使连线最短

续表

<table>
<tr><th>布线规则</th><th>操作说明</th><th>操作示例</th></tr>
<tr><td>8
布线优先级</td><td>若布线时有两种以上布线规则，就需要通过本项目来确定系统自动布线时先按哪种规则来执行。操作时，先单击“PCB Rules and Constraints”对话框左下角的“Priorities”按钮，然后在弹出的“Edit Rule Priorities”对话框中，选择需要调整顺序的规则，通过单击“Increase Priorities”按钮或“Decrease Priorities”按钮来调节布线规则的顺序</td><td></td></tr>
<tr><td>9
布线图层</td><td>一般情况下，系统默认的 PCB 板图为双层 PCB，若需改为单层，可在“Routing Layers”（布线图层）图层规则窗口底部显示的有效图层中，取消勾选不需要布线图层的复选框即可</td><td></td></tr>
<tr><td>10
布线拐角</td><td>布线时可用的拐角风格与缩进有 3 种方式可选：45°角（45 Degrees）、圆角（Rounded）与 90°角（90 Degrees）。在设计时，最好不要选择 90°角，因为从制造工艺上来讲，比较尖锐的角很容易被腐蚀液腐蚀掉；从机械特性上来讲，比较尖锐的角铜箔抗剥离强度不够；从电气性能上来讲，90°角在拐角处线宽尺寸变化最大，会使整条导线阻抗不一致。从以上三方面来看，采用圆角效果最好</td><td></td></tr>
<tr><td>11
布线过孔类型</td><td>布线时过孔的大小一般由 PCB 的生产制作工艺与 PCB 的布线密度决定，过大的过孔太浪费布线面积且寄生电容比较大，而过小的过孔制造困难，因此过孔的大小需要综合考虑。目前利用机械钻孔孔径最小可达 8mil（0.2mm），激光钻孔孔径最小可达 4mil（0.1mm），而大多数国内企业造制过孔的工艺可以达到孔径 0.5mm。SMT 生产过程中过孔焊盘与孔径的尺寸设计详见提高篇的相关内容。常用的过孔焊盘与孔径的尺寸设计如右表所示</td><td>常用的过孔焊盘与孔径的尺寸设计
<table>
<tr><td>孔　径</td><td>0.15mm</td><td>8mil</td><td>12mil</td><td>16mil</td><td>20mil</td><td>24mil</td><td>32mil</td><td>40mil</td></tr>
<tr><td>焊盘直径</td><td>0.45mm</td><td>24mil</td><td>30mil</td><td>32mil</td><td>40mil</td><td>48mil</td><td>60mil</td><td>62mil</td></tr>
</table></td></tr>
</table>

表 8.3 手工调整元件放置板面的步骤

步 骤	操 作 说 明	操 作 示 例
1 调用元件属性	选中需要调整放置板面的元件，调用其属性对话框	Component R1 [mil] Component Properties Layer Top Layer Rotation 0.000
2 修改放置图层	在“Component Properties”选区的“Layer”下拉列表中，根据实际情况选择“Top Layer”（顶层信号层）和“Bottom Layer”（底层信号层），即可切换元件所在图层	Component Properties Layer Top Layer Rotation Top Layer Bottom Layer

表 8.4 手工调整布线宽度的步骤

步 骤	操 作 说 明	操 作 示 例
1 调整布线宽度的最大尺寸	在系统设计规则中，调整布线宽度的最大尺寸，使其大于或等于本次修改的线宽	Constraints Preferred Width 10mil Min Width 10mil Max Width 20mil
2 选择待修改的布线	选择待修改的布线	
3 修改布线宽度	调用待修改布线的属性对话框，将该布线的线宽调整到所需尺寸	Start X: 3687mil Y: 3100mil Width 10mil End X: 4517.599mil Y: 3100mil

续表

步　骤	操作说明	操作示例
4 检查修改效果	检查修改效果，若不满意，则可重复前面的 3 个步骤	

表 8.5　手工调整顶层、底层元件电气连接的步骤

步　骤	操作说明	操作示例
1 确定待连接的异层元件	确定需要电气连接的两个异层元件，如右图中的 R1 和 R4	R4 R1
2 连接其中某个元件焊盘	将图层切换至 R1 或 R4 对应的信号层，单击图标调用直线命令，选择 R1 或 R4 中任一需要异层连接的焊盘为其绘制一段导线。在该导线末端，通过图标放置一个过孔，如右图（b）所示。过孔尺寸参考表 8.2 中的第 11 项。 注意：过孔图层应从“Top Layer”开始，到“Bottom Layer”结束	Properties Start Layer　Top Layer End Layer　Bottom Layer （a）过孔图层设置 R1 （b）放置过孔的导线
3 连接另一个待连接的元件焊盘	将图层切换至另一个待连接元件焊盘的信号层，单击图标调用直线命令，为另一个待连接元件焊盘绘制一段导线，该导线末端与步骤 2 中放置的过孔相连，如右图所示，即完成了异层元件的电气连接	R4 R1

【经验分享】

Q1：如果要忽略某项设计规则，该如何操作？

A1：可将该项设计规则对应的约束类型收起，即使约束类型左侧出现“+”。单击已经完全收起的约束类型项目，右侧会弹出对应的规则属性。此时，只需要取消勾选待忽略的某项设计规则对应的“Enabled”复选框即可，如图 8.5 所示。

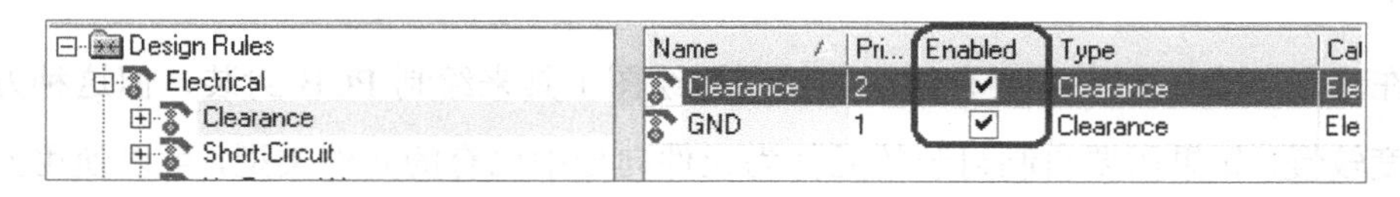

图 8.5　忽略某项设计规则的操作

Q2：如何添加新图层？

A2：依次单击“Design”→“Layer Stack Manager”，弹出“Layer Stack Manager”对话框，如图 8.6 所示，根据需要加载信号层（单击“Add Layer”按钮）、加载电源/接地层（单击“Add Plane”按钮）或删除多余图层（单击“Delete”按钮），也可通过单击“Move Up”按钮或“Move Down”按钮调节图层位置。如果有其他图层参数的设置，也可在此对话框中设置一部分。

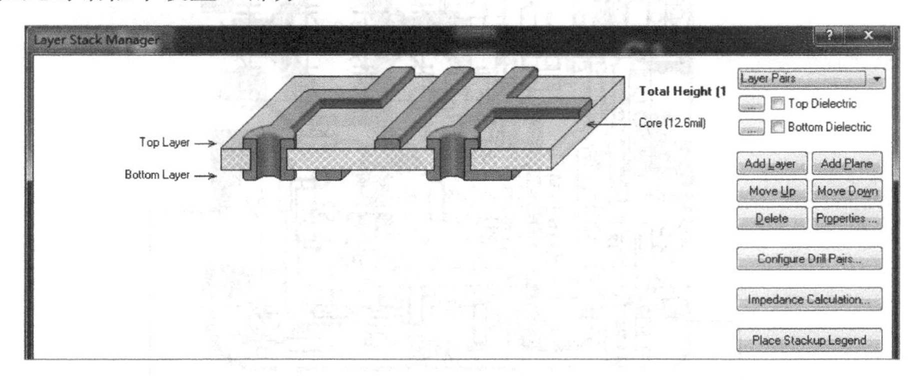

图 8.6　“Layer Stack Manager”对话框

Q3：设置布线宽度一般遵循什么规则？

A3：PCB 布线的种类主要有信号线、电源线和地线。一般情况下，布线宽度遵循的规则为信号线宽度≤电源线宽度≤地线宽度。常用信号线宽度为 0.2～0.3mm，精细宽度为 0.05～0.07mm，电源线宽度为 1.2～1.5mm，公共地线宽度尽可能大于 2mm。若信号线设置得过细，如小于 0.05mm，则应在设计前与制造商联系，以向厂家确认是否可以加工。

【项目进阶】

在【任务实施】中主要介绍了如何利用绘图工具来绘制 PCB 封装，但这种方法绘图速度较慢。如果需要自制封装的元件为元件向导中已有的元件类型，可以使用元件向导来自制 PCB 封装，可加快设计速度。

如图 6.10 所示的 HX203T FM/AM 集成电路收音机电路比本项目中所用的 TY-58A 贴片型插卡音箱电路要复杂一些，学有余力的读者可以尝试设计该电路的 PCB 板图，HX203T FM/AM 集成电路收音机电路 PCB 设计样图如图 8.7 所示。

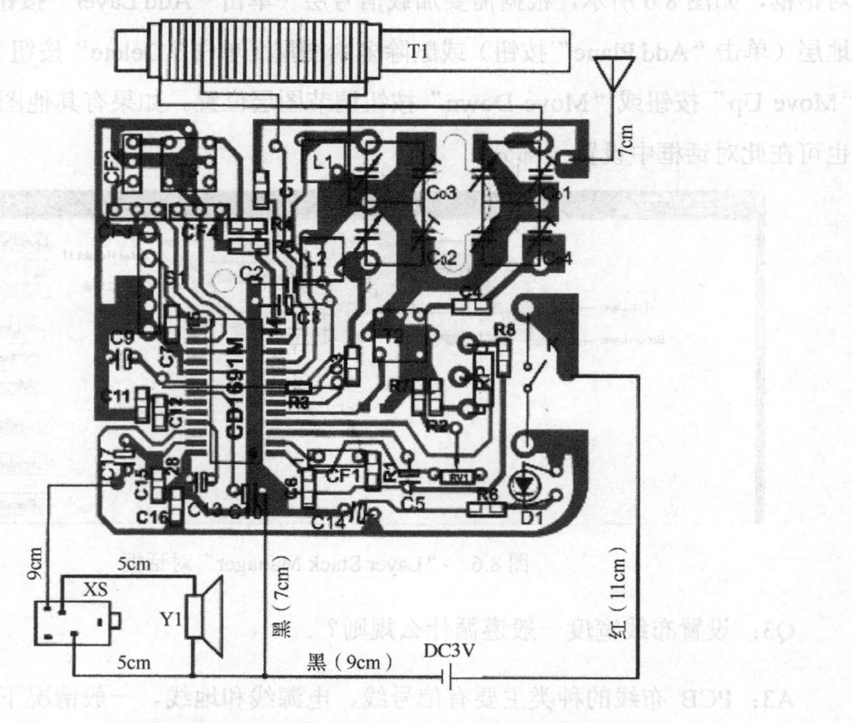

图 8.7　HX203T FM/AM 集成电路收音机电路 PCB 设计样图

项目9

这样才能看好我：技术文件输出

【项目资料】

对于一个 PCB 设计项目而言，出于保存资料、便于检查或交付生产等目的，在设计过程中及设计完成后，常需要将相关的技术文件尤其是 PCB 板图打印输出。

电路原理图文件的输出与普通设计文件的输出相似，但 PCB 板图的输出因其自身的特殊性，相对而言要复杂一些。本项目的任务是通过完成某双层 PCB 的技术文件输出，掌握电路原理图文件和 PCB 板图的输出方法。

【任务描述】

本项目的任务是通过完成某双层 PCB 的技术文件输出，达成以下学习目标。

（1）掌握电路原理图的板面设置方法。

（2）掌握电路原理图的打印设置方法。

（3）掌握 PCB 板图各图层对象特点。

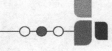

（4）掌握 PCB 板图的打印输出属性。

（5）掌握 PCB 板图的打印设置方法。

（6）知晓如何输出 Gerber 文件。

【任务分析】

在输出电路原理图前，需要对电路原理图的板面进行适当的设置，使输出的图纸大小适宜，图形清晰明了，便于查看。电路原理图的板面设置一般可在电路原理图图纸的“Document Options”对话框中进行设置。电路原理图的打印设置则可以参考普通设置图纸的打印方法进行。

在打印输出 PCB 板图前，首先要熟悉 PCB 板图各图层放置的对象，以免输出设置时发生错误；其次要根据需要设置适宜的打印图层和包含的设计对象；最后按照普通设置图纸的方法分项打印需要输出的文件。

若有技术保密等需要，也可以选择以 Gerber 文件的形式输出技术文件。

【任务实施】

与前几个项目相比，本项目的内容较为简单，只需要认真阅读并按步骤操作即可。

1．设置电路原理图板面

电路原理图的板面设置是在“Document Options”对话框中实现的，其中有一些项目在前面的内容中已经学习并使用过了，此处不再多加介绍。常用的电路原理图的板面设置参数如表 9.1 所示。

2．打印电路原理图

电路原理图打印设置与常规图打印设置相似，其主要参数如表 9.2 所示。

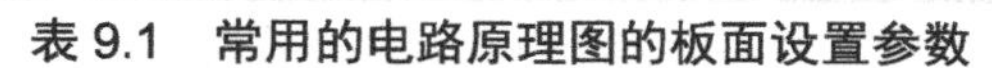

表 9.1　常用的电路原理图的板面设置参数

参　　数	操 作 说 明	操 作 示 例
1 特定模板	在实际工作中，设计单位往往会根据图纸标准化管理要求，以及设计、工艺、生产等业务部门的需要，制作出适合本单位不同需要的图纸模板文件。 在“Template”（模板）选区，可以加载系统自带的或自定义的图纸模板文件，这样就不用自定义图纸而直接套用模板（注意：系统默认为不套用模板）	Sheet Options / Parameters / Units Template Update From Template　Clear Template
2 选项	在“Options”（选项）选区，常用参数如下。 Orientation：图纸方向，其中 Landscape 表示横向，Portrait 表示纵向。 Title Block：图纸明细表。 Show Reference Zones：显示参考区，可以显示有分度的图纸边框（默认项）。分度编号也称分区编号，一般横向为数字 1,2,3,…，纵向为字母 A,B,C…。 Show Border：显示边界，即显示图纸的边框。 Show Template Graphics：显示模板图形，即显示模板中的图标信息。 Border Color：边缘颜色，单击颜色框根据需要选择边缘颜色。 Sheet Color：图纸颜色，单击颜色框根据需要选择图纸颜色	Options Orientation　Landscape Title Block　Standard Sheet Number Spaces　4 Show Reference Zones Default: Alpha Top to Bottom, Show Border Show Template Graphics Border Color Sheet Color
3 栅格	详见表 4.3	Grids　Snap 10mil　Visible 100mil Electrical Grid　Enable　Grid Range 40mil
4 修改字体	Change System Font：改变系统字体，根据实际需要自定义系统字体，和 Word 中字体的设置方法大致相同	Change System Font
5 标准图纸类型	Standard Style：标准风格选区，可以进行标准图纸类型的选择。单击“Standard styles”下拉列表可选定图纸大小，主要标准图纸有：公制的 A0（最大）、A1、A2、A3、A4（最小）；英制的 A（最小）、B、C、D、E（最大）；另外，还提供了 OrCAD 等其他图纸格式	Standard Style Standard styles　A4
6 自定义图纸的参数	Custom Style：自定义风格选区，可以对图纸的参数进行自定义，自定义图纸的宽度、高度、X 区域数、Y 区域数及边沿宽度，可以单击“Update From Standard”（从标准更新）按钮用标准图纸尺寸对自定义图纸参数进行更新。勾选“Use Custom style”（使用自定义风格）复选框后，可以自定义图纸尺寸，系统默认最小单位为 10mil	Custom Style Use Custom style Custom Width　11500mil Custom Height　7600mil X Region Count　4 Y Region Count　4 Margin Width　200mil

表 9.2 电路原理图打印设置的主要参数

参　数	操作说明	操作示例
打印设置	在连有打印机的环境下，可以将电路原理图打印输出。 依次单击“File”→“Page Setup”，弹出“Schematic Print Properties”（电路原理图打印输出）对话框，各主要参数含义如下。 Printer Paper：打印纸（纸张设置），包括 Portrait（纵向）、Landscape（横向）及 Size（纸张大小）。 Scaling：缩放比例，包括 Scale Mode（缩放模式）和 Scale（缩放比例），其中缩放模式包括 Fit Document On Page（电路原理图整体打印）和 Scaled Print（按设定的缩放率分割打印）。 Margins：留白，即电路原理图边框到纸边沿的距离，包括 Horizontal（水平）、Vertical（垂直）和 Center（中心）。 Color Set：打印色彩设置，包括 Mono（单色）、Color（彩色）和 Gray（灰色）。 底部 4 个并排放置的按钮分别为“Print”（打印）按钮、“Preview”（预览）按钮、“Advanced”（高级设置）按钮和“Print Setup”（打印设置）按钮。 设置完成后，可以保存设置以备下次打印时使用。单击“Print”按钮，进入打印机的设置操作，操作完成后单击“OK”按钮，开始打印	Schematic Print Properties Printer Paper Size: A4 Portrait Landscape Margins Horizontal: 0 Center Vertical: 0 Center Scaling Scale Mode Fit Document On Page Scale: 1.00 Corrections X 1.00 Y 1.00 Color Set Mono Color Gray Print Preview Advanced... Printer Setup... Close

3．了解各图层对象特点，设置打印输出属性及对象

由于 PCB 板图文件基于层的设计及管理模式，所以 PCB 板图的打印有其特殊性，这一点和常用的文字处理软件或其他很多软件所编辑的文档有着明显的不同。

在默认方式下，Altium Designer 会将当前 PCB 板图文件中所有激活的工作层（不管是否能用到，也不管在编辑区显示与否）一并打印。除非该文件极其简单，如少数单层板。但在绝大多数情况下，印制导线交叉、混叠不符合设计人员的打印意图，结果可能就毫无意义。

但将所有的层一一分开打印并不意味着是正确的做法。一方面，各层之间存在的或多或少的关联被人为切断，不利于阅读或出于特殊目的的使用。以双层 PCB 为例，如果将顶层、底层及顶层丝印层等均单独打印，那么，每层上的对象在 PCB 上的位置以及不同层上的对象之间的相对位置将很难弄清。另一方面，一些层所包含的信息是生产加工所必需的，但对于并不介入生产过程的设计人员而言，将它们单独打印出来几乎毫无意义，如阻焊层、助焊层、多维层及多层板的内部信号层等。

Altium Designer 的打印功能可以进行各种复杂的设置。从实用的角度讲，允许任选一个图层单独打印，也允许将多个图层作为一组打印，因此，若要对 PCB 板图进行打印，则需要提前对待打印对象进行分组并设置适宜的打印属性。

本项目以双层 PCB 为例，介绍如何结合各图层对象的特点设置打印任务，详细步骤如表 9.3 所示。

4．打印 PCB 板图

设置好打印任务后，即可打印图纸。

表 9.3 打印任务设置步骤

步骤	操作说明	操作示例
1 了解打印对象	打开待打印的 PCB 板图，在“Board Layers And Colors”选项卡中，勾选“Only show layers in layer stack”复选框，确认当前实际所用图层有哪些	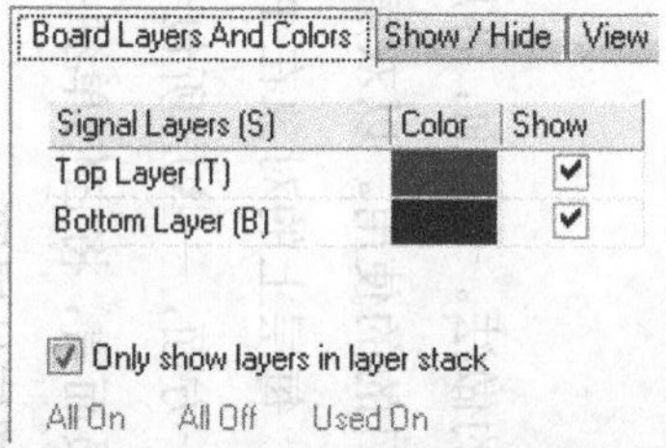
2 打印预览	在正式打印之前，应该先预览一下，了解打印后的效果。后续的打印图层的配置也是在预览操作中完成。 依次单击“File”→“Print Preview”，系统会弹出打印预览窗口。由如右图所示的样图可知，系统默认配置下的打印效果为各板层中的对象交叉混叠，无法正确了解各板层的布局情况，不便于查看和加工制造。因此，需要根据需要合理设置打印项目	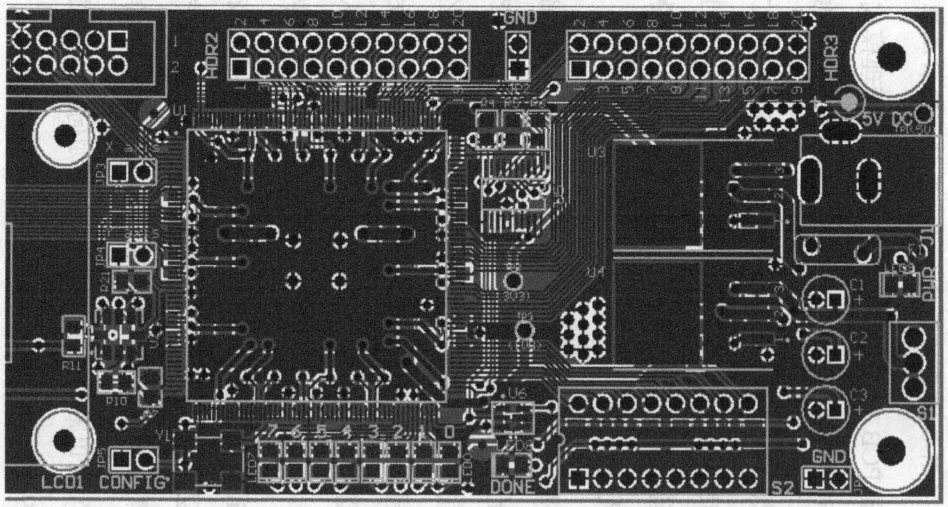

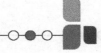

续表

步骤	操作说明	操作示例
3 配置策略	假定需要打印 3 份图纸：一份介绍顶层的布线情况，一份介绍底层的布线情况，一份介绍顶层丝印层的元件布局情况。要求将上述 3 份图纸分开打印，但是每张图纸中都需要包含 PCB 的轮廓线。 若 PCB 的轮廓线是在禁止布线层上绘制的，则按下述方式进行配置：顶层图纸实际配置为“顶层+禁止布线层”，底层图纸实际配置为“底层+禁止布线层”，顶层丝印层图纸实际配置为“顶层丝印层+禁止布线层”。反之，若轮廓是在机械层上绘制的，则将上述配置中的“禁止布线层”改为“机械层”即可	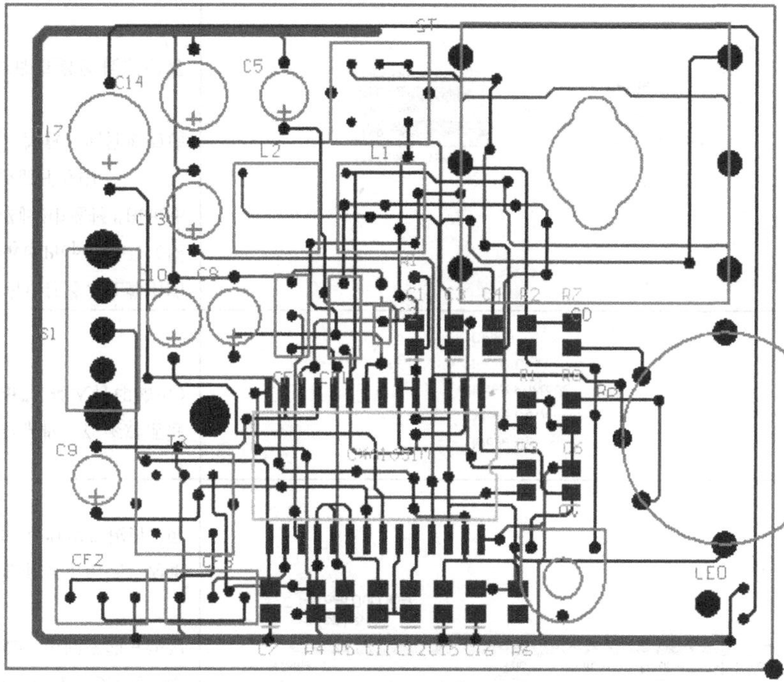
4 调用打印输出属性	在打印预览窗口的任意位置处右击，在弹出的快捷菜单中选择“Configuration”（配置）命令，系统弹出“PCB Printout Properties”（打印输出属性）对话框。该对话框中显示当前包含一个名为“Multilayer Composite Print”（多层复合打印）的打印任务，其中包含当前使用的所有板层	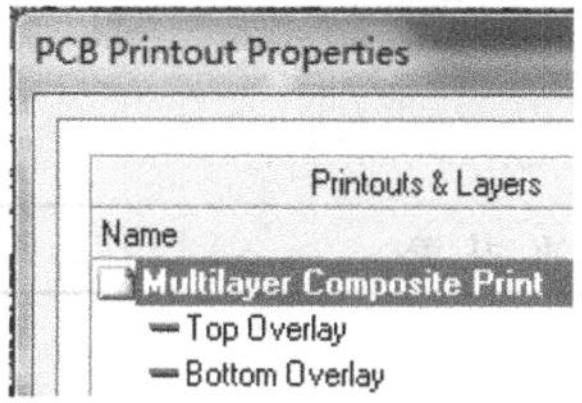 PCB Printout Properties Printouts & Layers Name Multilayer Composite Print Top Overlay Bottom Overlay

续表

步　骤	操 作 说 明	操 作 示 例
5 设置顶层 打印任务	根据步骤 3，顶层图纸实际配置为“顶层+禁止布线层”，因此需要删除其中无关的 3 个板层，即底层（Bottom Layer）、顶层丝印层（Top Overlay）和多层（Multi Layer）。 先删除底层，右击“Bottom Layer”，在弹出的快捷菜单中选择“Delete”命令，系统弹出确认提示框，单击“Yes”按钮，底层即被删除。用同样的方法删除顶层丝印层及多层。此时只剩下顶层和禁止布线层。 为了使打印结果更接近真实的 PCB 视图，应将 PCB 的钻孔显示出来。为此可勾选“Holes”复选框。完成顶层打印任务的设置后，再单击“OK”按钮，可以看到顶层打印的效果	Printouts & Layers / Include Components Name / Top / Bottom / Double Sided / Holes Multilayer Composite Print Top Layer Keep-Out Layer
6 增加打印 任务	重新打开“PCB Printout Properties”（打印输出属性）对话框，在该对话框任意空白处右击，在弹出的快捷菜单中选择“Insert Printout”（插入打印输出）命令	Move Up Move Down Insert Printout Insert Layer Delete
7 设置新的 打印任务	新建系统默认名为“New PrintOut 1”的打印任务后，右击该任务，在弹出的快捷菜单中选择“Insert Layer”（插入层）命令。弹出“Layer Properties”（层属性）对话框，在“Print Layer Type”（打印层次类型）下拉列表中选择“Bottom Layer”选项。单击“OK”按钮，此时底层已经被添加到当前任务中。 采用同样的方法，将禁止布线层添加到当前打印任务中，注意，同样要勾选“Holes”复选框。至此完成了底层打印的设置。 用同样的方法增加顶层丝印层打印任务，至此，3 个打印任务的板层配置结束。 单击“OK”按钮，此时在打印预览窗口中可以看到 3 个打印任务的打印效果图，可以通过按“PgUp”键或“PgDn”键进行放大或缩小预览	Print Layer Type Top Layer Top Layer Bottom Layer Mechanical 1 Insert Printout Insert Layer Delete

【项目进阶】

PCB 设计结束后就要交付生产厂商制造。向生产商提供什么样的文件受多方面因素的影响，这是很实际的问题。

就生产商而言，其生产设备和生产技术往往不同，在此粗略地将生产商分成两类：一类是工艺设备比较落后的小厂家，这类小厂家的生产过程多采用手工操作方式，生产的是档次较低的产品，这类厂家更习惯于接受客户的打印稿。通过照相制板，获取用于制作丝网的负片，进而通过丝网印刷的方式将 PCB 板图印制到覆铜板上，再通过腐蚀、钻孔等数十道工序完成 PCB 的生产。制板效果的好坏决定了最终产品的质量，显然，作为最原始样本的打印稿，其打印质量至关重要。客户提供的打印稿，一般是按 4∶1 的比例放大的稿件，即 PCB 板图的打印稿上的长、宽分别是实际长、宽的 2 倍，但这并不绝对，假如 PCB 印制导线本身较宽并且布线密度又很低，则没有放大的必要。

另一类是专业厂家，这类厂家拥有先进的设备和强大的技术力量，客户只需提供 PCB 的电子文档即可，这里所说的提供电子文档包含两种情况：一种是设计人员本人提供可以直接为生产所用的文档，包含 Gerber（底片）和 NC Drill（数控钻）等文件，Altium Designer 具有自动生成这些文件的功能；另一种是设计人员直接交付 PCB 电子文档，再由制造工程师进行处理，这种处理和实际生产设备直接相关。

设计人员往往对生产并不熟悉，所以自行处理的生产文件很可能并不恰当，比如 Altium Designer 允许设计人员自由地设置不同的孔径，但是用于钻孔的钻头是标准件，规格不可能是任意的。所以，对于绝大多数设计人员而言，直接交付 PCB 电子文档即可。目前交付 PCB 电子文档往往使用简单、快捷的 E-mail。通常，生产商会先为客户打样并等待客户的反馈信息，在客户检查及试用样品确认没有问题后再开始批量生产。

但如果担心泄露重要的设计信息或显示出不需要的设计信息，也可以导出对应的 Gerber 文件交给制造厂商。下面介绍如何利用 Altium Designer 导出 Gerber 文件。

Gerber 文件是一种国际标准的光绘格式文件，它包含 RS-274-D 和 RS-274-X 两种格式，其中 RS-274-D 称为基本 Gerber 格式，并要同时附带 D 码文件才能完整描述一

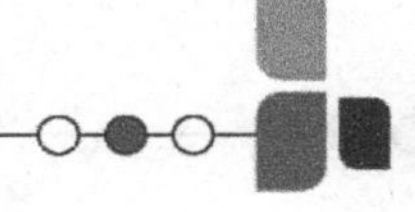

张图形；RS-274-X 称为扩展 Gerber 格式，它本身包含有 D 码信息。常用的 CAD 就能生成这两种格式的文件。

Gerber 数据是由像片测图仪生成的。像片测图仪由一个精密的伺服系统组成，该系统控制着一个 X-Y 工作台，上面附着一片高对比度菲林。光源透过一个快门照在菲林上，该快门含有一个光圈并聚焦在菲林上。控制器把 Gerber 指令转换为适当的工作台移动、光圈旋转和快门的开合。其结果就是我们通常看到的 Gerber 文件。

PCB 板图中各主要图层的作用如表 7.2 所示，下面以项目 8 中所设计的 TY-58A 贴片型插卡音箱电路对应的 PCB 板图为例，介绍如何将 PCB 文件转换为 Gerber 文件，具体步骤如表 9.4 所示。

表 9.4　将PCB文件转换为Gerber文件的步骤

步　骤	操 作 说 明	图　例
1 进入 Gerber 文件转换对话框	打开准备转换的 PCB 文件，依次单击“File”→“Fabrication Outputs”→“Gerber Files”，进入“Gerber Setup”（Gerber 文件转换）对话框	
2 设置单位和精度	在“Gerber Setup”对话框中的“General”（通用）选项卡中，分别设置单位和精度。 在“Units”（单位）选区中单击“Inches”（英寸）单选按钮，在“Format”（格式）选区中单击“2：3”单选按钮。在格式选区中，越往下精度要求越高，其中 2：3 表示分辨率为 1mil，2：4 表示分辨率为 0.1mil，2：5 表示分辨率为 0.01mil。若选择 2：5，由于尺寸精度比较高，需要先和制板加工厂协商确定精度	
3 选择导出的图层	在“Layers”（图层）选项卡中，在“Plot Layers”（绘制层）下拉列表中选择“Used On”（选择使用过的）选项，在“Mirror Layers”（镜像层）下拉列表中选择“All Off”（全部取消）选项，若需要另外添加机械层，可根据需要进行选择	

续表

步　骤	操 作 说 明	图　例
4 设置钻孔统计	在“Drill Drawing”(钻孔制图)选项卡中，在“Drill Drawing Plots”（钻孔统计图）选区中勾选“Plot all used layer pairs”（绘制全部使用的层对）复选框，在“Drill Guide Plots”（钻孔导向图）选区中勾选“Plot all used layer pairs”（绘制全部使用的层对）复选框	
5 设置光圈格式	在“Apertures”(钻孔)选项卡中，勾选“Embedded apertures(RS274X)”（嵌入的钻孔）复选框	
6 其他设置	“Advanced”(高级选项）选项卡中的选项一般不需要更改，但若PCB尺寸较大，如在100mm以上时，可将胶片X和Y方向尺寸适当放大一些，如放大10倍	
7 完成设置	最后单击“OK”按钮即可生成所需要的Gerber文件	

Gerber文件各层扩展名与PCB原来各层的对应关系如表9.5所示。

表9.5　Gerber文件各层扩展名与PCB原来各层的对应关系

扩展名顺序	第　一　位	第　二　位	最　后　一　位
含义	G一般代表Gerber	代表层的面。B代表bottom面，T代表top面，G+数字代表中间线路层，G+P+数字代表电源层	代表层的类别。1代表线路层，O代表丝印层，S代表阻焊层，P代表锡膏，M代表外框、基准孔、机械孔，其他的一般不重要

转换完成后，常见的Gerber文件扩展名如表9.6所示。

表9.6　常见的Gerber文件扩展名

图　层	后　缀	图　层	后　缀
顶层 Top（copper）Layer	.GTL	底层 Bottom（copper）Layer	.GBL
中间信号层 Mid Layer 1	.G1	内电层 Internal Plane Layer 1	.GP1
顶层丝印层 Top Overlay	.GTO	底层丝印层 Bottom Overlay	.GBO
顶层助焊层 Top Paste Mask	.GTP	底层助焊层 Bottom Paste Mask	.GBP
顶层阻焊层 Top Solder Mask	.GTS	底层阻焊层 Bottom Solder Mask	.GBS
禁止布线层 Keep-Out Layer	.GKO	机械层 Mechanical Layer 1	.GM1

续表

图　层	后　缀	图　层	后　缀
顶层主焊盘 Top Pad Master	.GPT	底层主焊盘 Bottom Pad Master	.GPB
钻孔图层 Drill Drawing，Top Layer - Bottom Layer （Through Hole）	.GD1	钻孔图层 Drill Drawing，other Drill （Layer）Pairs	.GD2
钻孔引导层 Drill Guide，Top Layer - Bottom Layer （Through Hole）	.GD3 .GG1	钻孔引导层 Drill Guide，other Drill （Layer）Pairs	.GG2 .GG3

附录A

Altium Designer 15 开发环境要求

Altium Designer 15 对计算机的配置要求不高，现在一般配置的计算机都可以安装该软件。

1．达到最佳性能的推荐系统

（1）Windows XP SP2 专业版或以后的版本。

（2）英特尔®酷睿™，双核/四核 2.66GHz 或更快的处理器或同等速度的 2GB 内存，10GB 硬盘空间（安装+用户档案）。

（3）双显示器，屏幕分辨率至少为 1680px×1050px（宽屏）或 1600px×1200px（4:3）。NVIDIA 公司的 GeForce ® 80003 系列，使用 256MB（或更大）的显卡或同等级别的显卡。

（4）并行端口（连接 NanoBoard-NB1），USB2.0 的端口（连接 NanoBoard-NB2）。

（5）Adobe ® Reader 软件 8 或以上。

（6）DVD -驱动器。

（7）Internet 连接，以接收更新和在线技术支持。

2. 可以接受的性能所要求的最低系统

（1）Windows XP SP2 专业版。

（2）英特尔®奔腾™，1.8GHz 处理器或相同等级 1GB 内存，3.5GB 硬盘空间（安装+用户档案）。

（3）主要显示器屏幕分辨率为 1280px×1024px。强烈建议：再装配一个最低屏幕分辨率为 1024px×768px 的显示器。NVIDIA 公司的 GeForce®6000/7000 系列，128MB 显卡或相同级别的显卡。

（4）并行端口（连接 NanoBoard-NB1），USB2.0 的端口（连接 NanoBoard-NB2）。

（5）Adobe® Reader 软件 7 或以上。

（6）DVD -驱动器。

附录 B Altium Designer 15 安装步骤

（1）进入安装目录，运行“AltiumDesignerSetup15.exe”可执行程序，如图 B.1 所示。

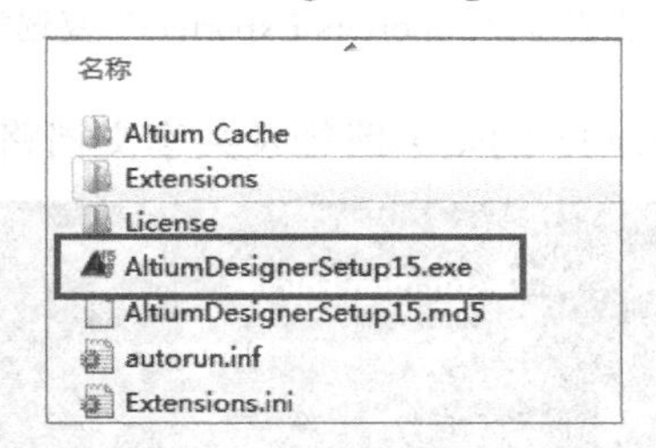

图 B.1　启动 Altium Designer 15 安装程序

（2）在弹出的安装向导中，单击“Next”按钮，如图 B.2 所示。

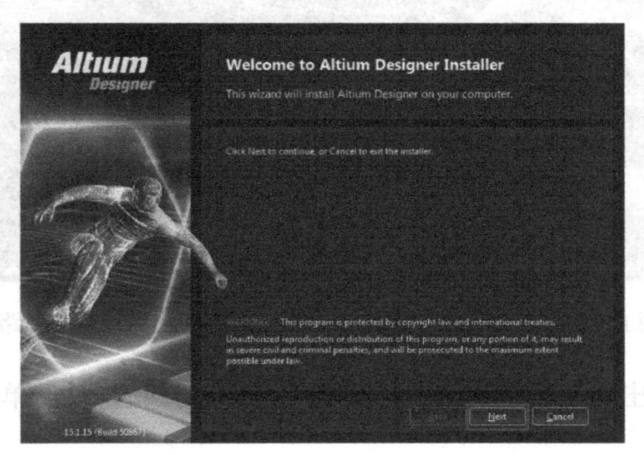

图 B.2　Altium Designer 15 安装向导

（3）在“Select Design Functionality”步骤中，可以取消勾选其他的复选框，以节省磁盘空间。不过为了日后能够方便地导入、导出第三方的 EDA 设计文件，建议将“Importers\Exporters”复选框勾选上，如图 B.3 所示。

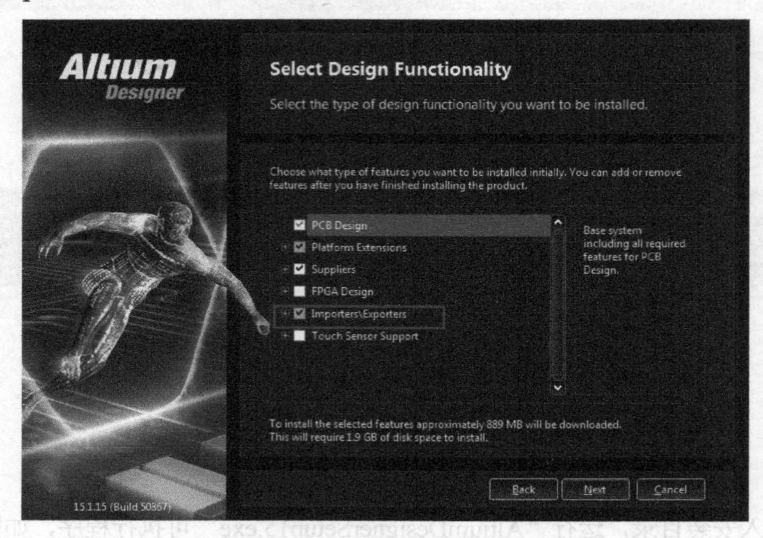

图 B.3　建议将“Importers\Exporters”复选框勾选上

（4）设定 Altium Designer 15 的安装路径及共享文档路径，如图 B.4 所示。

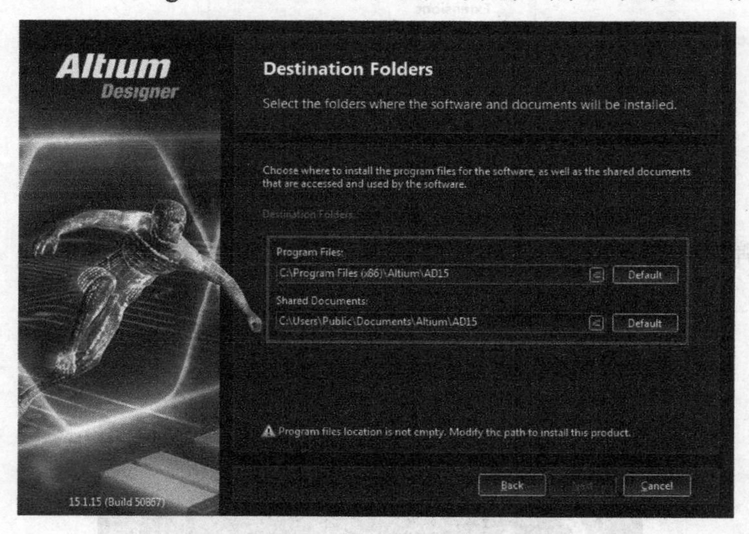

图 B.4　设定 Altium Designer 15 的安装路径及共享文档路径

（5）在后续弹出的对话框中，一直单击“Next”按钮，最后单击“Finish”按钮完成安装。

（6）运行 Altium Designer 15，在软件的主界面下单击“Add standalone license file”，如图 B.5 所示。

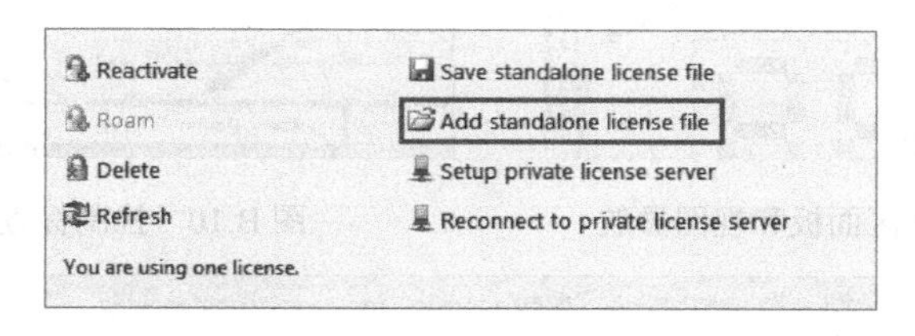

图 B.5　添加“Add standalone license file”许可文件

（7）单击安装包中的“Licenses”文件夹内后缀为.alf 的文件，如图 B.6 所示，完成软件的安装。

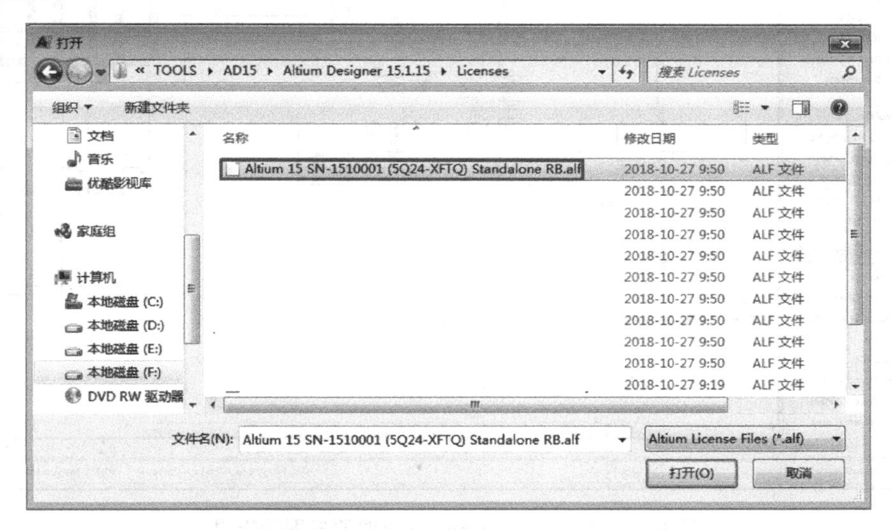

图 B.6　添加许可文件

（8）运行软件后，其主要工作界面如图 B.7 至图 B.11 所示。

图 B.7　系统菜单

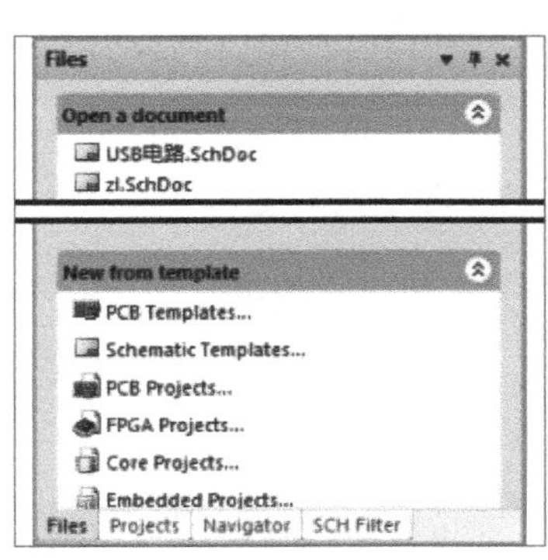

图 B.8　工作区面板

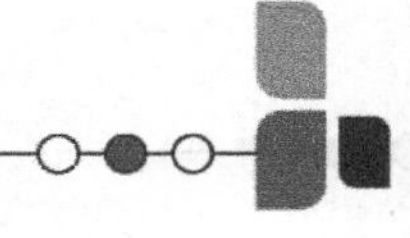

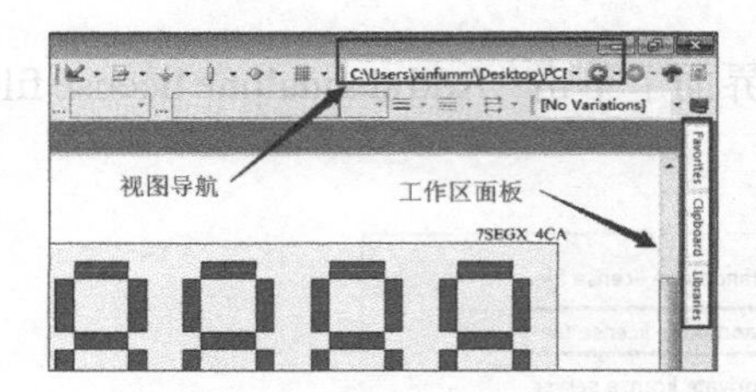

图 B.9　工作区面板和视图导航

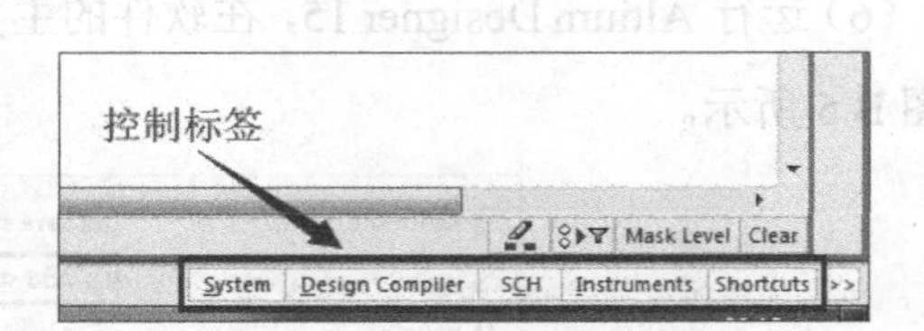

图 B.10　控制标签

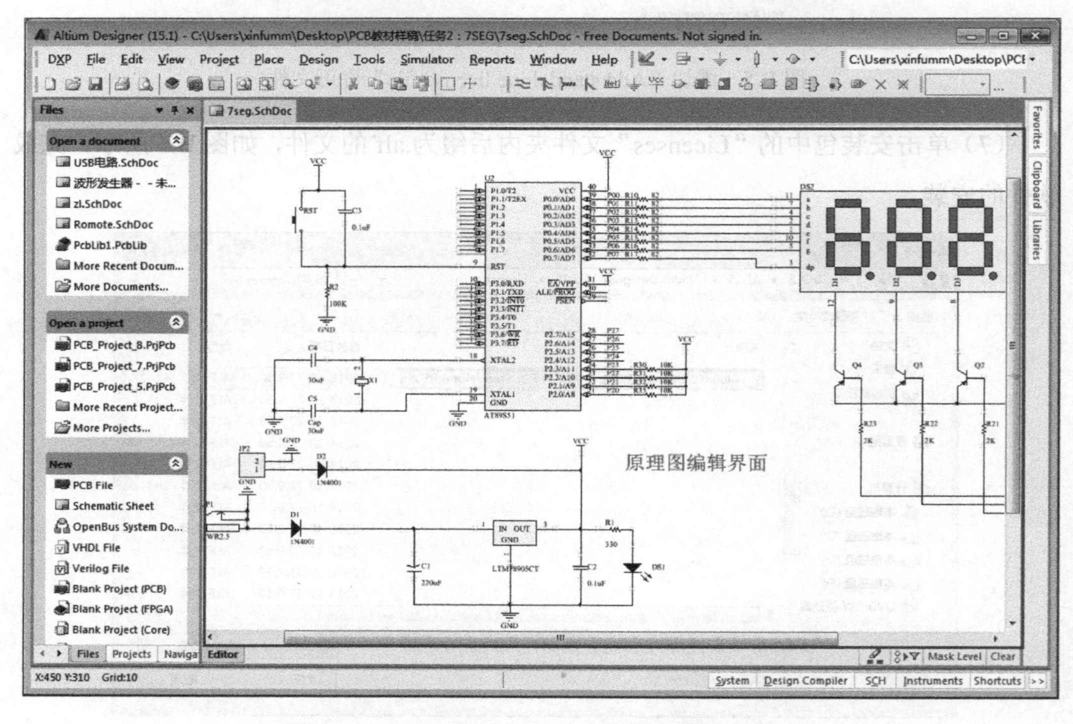

图 B.11　Altium Designer 15 电路原理图编辑界面

附录 C Altium Designer 15 中的常用快捷命令

1．设计浏览器快捷键

单击——选择光标位置的文档

双击——编辑光标位置的文档

右击——弹出相关的快捷菜单

Ctrl+F4——关闭当前文档

Ctrl+Tab——循环切换所打开的文档

Alt+F4——关闭设计浏览器

2．电路原理图和 PCB 通用快捷键

Y——使元件上下翻转

X——使元件左右翻转

Shift+↑或↓或←或→——沿箭头方向以 10 个网格为增量，移动光标

↑或↓或←或→——沿箭头方向以 1 个网格为增量，移动光标

Space（空格键）——放弃屏幕刷新

Esc——退出当前命令

End——屏幕刷新

Home——以光标为中心刷新屏幕

PgDn 或 Ctrl+滚动鼠标滚轮——以光标为中心缩小画面

PgUp 或 Ctrl+滚动鼠标滚轮——以光标为中心放大画面

滚动鼠标滚轮——上下移动画面

Shift+滚动鼠标滚轮——左右移动画面

Ctrl+Z——撤销上一次操作

Ctrl+Y——重复上一次操作

Ctrl+A——选择全部

Ctrl+S——保存当前文档

Ctrl+C——复制

Ctrl+X——剪切

Ctrl+V——粘贴

Ctrl+R——复制并重复粘贴选中的对象

Delete——删除

V+D——显示整个文档

V+F——显示所有对象

X+A——取消所有选中的对象

单击并按住鼠标右键——显示滑动小手并移动画面

单击——选择对象

右击——弹出快捷菜单或取消当前命令

右击并选择 Find Similar——选择相同对象

按住鼠标左键不放并拖动鼠标——选择区域内部对象

选中待操作对象，按住鼠标左键不放并拖动鼠标——移动待操作对象

双击——编辑对象

Shift+单击——选择或取消选择

Tab——编辑正在放置对象的属性

Shift+C——清除当前过滤的对象

Shift+F——可选择与之相同的对象

Y——弹出快速查询菜单

F11——打开或关闭“Inspector”面板

F12——打开或关闭“List”面板

3．电路原理图快捷键

Alt——在水平和垂直线上限制对象移动

G——循环切换捕捉网格设置

Space（空格键）——放置对象时旋转 90 度

Space（空格键）——放置电线、总线、多边形线时激活开始/结束模式

Shift+Space（空格键）——放置电线、总线、多边形线时切换放置模式

Backspace（退格键）——放置电线、总线、多边形线时删除最后一个拐角

按住鼠标左键不放+Delete——删除所选中线的拐角

按住鼠标左键不放+Insert——在选中的线处增加拐角

Ctrl+按住鼠标左键不放并拖动鼠标——拖动选中的对象

4．PCB 快捷键

Shift+R——切换三种布线模式

Shift+E——打开或关闭电气网格

Ctrl+G——弹出捕获网格对话框

G——弹出捕获网格菜单

N——移动元件时隐藏网状线

L——镜像元件到另一布局层

Backspace（退格键）——在布铜线时删除最后一个拐角

Shift+Space（空格键）——在布铜线时切换拐角模式

Space（空格键）——布铜线时改变开始/结束模式

Shift+S——切换打开/关闭单层显示模式

O→D→D→Enter——选择草图显示模式

O→D→F→Enter——选择正常显示模式

O→D——显示/隐藏“Preferences”对话框

L——显示“Board Layers”对话框

+（数字键盘）——切换到下一层

-（数字键盘）——切换到上一层

*（数字键盘）——下一布线层

M→V——移动分割平面层顶点

Alt——避开障碍物和忽略障碍物之间切换

Ctrl——布线时临时不显示电气网格

Ctrl+M 或 R→M——测量距离

Shift+Space（空格键）——顺时针旋转待操作对象

Space（空格键）——逆时针旋转待操作对象

Q——公制和英制之间的单位切换

E→J→O——跳转到当前原点

E→J→A——跳转到绝对原点

Tab——选中元件后，可以显示该元件的属性

PgUp——以光标所在点为中心，放大视图

PgDn——以光标所在点为中心，缩小视图

Home——居中，可以从原来光标下的图纸位置，移位到工作区中心位置显示

End——更新绘图区的图形

↑或↓或←或→——逐步往相应的方向移动

F→U——打印设置

F→P——打开打印机

F→N——新建文件

F→O——打开文件

F→S——保存文件

F→V——打印预览

E→U——取消上一步操作

E→F——查找

E→S——选择

E→D——删除

E→G——对齐

E→G→L——左对齐

V→D——显示整个图形区域

V→F——显示所有元件

V→A——区域放大

V→E——放大选中的元件

V→P——以单击点为中心进行放大

V→O——以单击点为中心进行缩小

V→N——将鼠标所在点移动到工作区中心位置（与 Home 键作用效果相同）

V→R——更新视图（与 End 键作用效果相同）

V→T——工具栏选择

V→W——工作区面板选择

V→G——网格选项

C——在视图区打开工程快捷菜单

P→B——放置总线

P→U——放置总线接口

P→P——放置元件

P→J——放置接点

P→O——放置电源

P→W——连线

P→N——放置网络编号

P→R——放置敷铜区

P→T——放置文字

P→D——绘图工具栏

D→B——浏览库

D→L——增加/删除库

D→M——制作库

T——打开工具菜单

R——打开报告菜单

W——打开窗口菜单

附录D

电路原理图元件库中部分分立元件名称的中英文对照表

2N3904	NPN 型通用放大器
2N3906	PNP 型通用放大器
ADC-8	通用的 8 位 AD 转换器
Antenna	天线
Battery	电池组
Bell	铃
Bridge 1	整流桥堆
Buzzer	蜂鸣器
Cap	电容
Cap Feed	馈通电容器
Cap Semi	半导体电容
Cap Var	可调电容
Cap Pol	极性电容
Circuit Breaker	熔断器
D Schottky	肖特基二极管
D Varactor	变容二极管
D Zener	稳压二极管
DAC-8	通用的 8 位 DA 转换器
Diac-NPN	双向触发二极管
Diac-PNP	双向触发二极管
Diode	二极管
Diode 1N914	高电导快速二极管
Diode 1N40011A	通用整流器
Diode 1N40021A	通用整流器
Diode 1N40031A	通用整流器
Diode 1N40041A	通用整流器
Diode 1N40051A	通用整流器
Diode 1N40061A	通用整流器
Diode 1N40071A	通用整流器
Diode 1N4148	高电导快速二极管
Diode 1N4149	电脑二极管
Diode 1N4150	高电导超快速二极管
Diode 1N49341A	快速恢复整流
Diode 1N54003A	通用整流器
Diode 1N54013A	通用整流器
Diode 1N54023A	通用整流器
Diode 1N54043A	通用整流器
Diode 1N54063A	通用整流器
Diode 1N54073A	硅整流二极管
Diode 1N54083A	硅整流二极管
Diode 10TQ035	肖特基整流器
Diode 10TQ040	肖特基整流器
Diode 10TQ045	肖特基整流器
Diode 11DQ03	肖特基整流器
Diode 18TQ045	肖特基整流器
Diode BAS16	硅对高速交换开关二极管

Diode BAS21	硅对高速开关二极管,高压开关
Diode BAS70	肖特基二极管为高速切换
Diode BAS116	硅低泄漏二极管
Diode BAT17	射频硅肖特基二极管
Diode BAT18	低损耗射频开关二极管
Diode BBY31SOT23	硅平面变容二极管
Diode BBY40SOT23	硅平面变容二极管
DPY 16-Seg	13.7 毫米灰色表面红色共阴数码管
D Tunnel	隧道二极管
Dpy Amber-CA	7.62 毫米黑色表面橙色共阳数码管
Dpy Amber-CC	7.62 毫米黑色表面橙色共阴数码管
Dpy Blue-CA	14.2 毫米灰色表面蓝色共阳数码管
Dpy Blue-CC	14.2 毫米灰色表面蓝色共阴数码管
Dpy Green-CA	7.62 毫米黑色表面绿色共阳数码管
Dpy Green-CC	7.62 毫米黑色表面绿色共阴数码管
Dpy Overflow	7.62 毫米+1.数码管
Dpy Red-CA	7.62 毫米黑色表面红色共阳数码管
Dpy Red-CC	7.62 毫米黑色表面红色共阴数码管
Dpy Yellow-CA	7.6 毫米微亮黄色共阳数码管
Dpy Yellow-CC	7.6 毫米微亮黄色共阴数码管
Fuse	保险丝
Fuse Thermal	热熔丝
IGBT-N	绝缘栅双极型晶体管(N 沟道)
IGBT-P	PNP 型双极结型晶体管(P 沟道)
Inductor	电感器
Inductor Adj	可调电感
Inductor Iron	带铁芯的电感
Inductor Iron Adj	可调铁芯电感器
Inductor Iron Dot	铁芯电感绕组极性标记
Inductor Isolated	隔离电感
JFET-N	N 沟道结型场效应晶体管
JFET-P	P 沟道结型场效应晶体管
Jumper	跳线
Lamp	白炽灯泡
Lamp Neon	霓虹灯
LED	发光二极管
MESFET-N	N 沟道结型场效应晶体管/N 沟道增强型效应管
MESFET-P	P 沟道结型场效应晶体管/P 沟道增强型效应管
Meter	指示式仪表
Mic	麦克风
MOSFET-2GN	双开门式，N 沟道，金属-氧化物半导体场效应晶体管
MOSFET-2GP	双开门式，P 沟道，金属-氧化物半导体场效应晶体管
MOSFET-N	沟道，金属-氧化物半导体场效应晶体管
MOSFET-P	P 沟道，金属-氧化物半导体场效应晶体管
Motor	电动机
Motor Servo	伺服电机
Motor Step	步进电机
Neon	氖泡
NMOS-2	N 沟道功率 MOSFET
PMOS-2	P 沟道功率 MOSFET
NPN	NPN 双极型晶体管
Op Amp	场效应晶体管运算放大器
Opto TRIAC	光电双向可控硅
Optoisolator	光电耦合器
Photo NPN	NPN 型光敏三极管
Photo PNP	PNP 型光敏三极管
Photo Sen	光敏二极管
PLL	通用锁相器
PNP	PNP 型双极型晶体管
PUT	可控硅晶体管
QNPN	NPN 双极型晶体管
Relay	单刀双掷继电器
Relay-DPDT	双刀双掷继电器
Relay-DPST	双极单掷继电器
Relay-SPDT	单极双掷继电器
Relay-SPST	单极单掷继电器
Res Bridge	电阻桥
Res	电阻
Res Adj	可调电阻

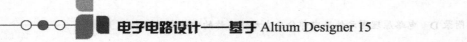

Res Pack	排阻	Trans Ideal	变压器（理想）
Res Semi	半导体电阻	Tube 6L6GC	电子束功率五极管
Res Tap	带抽头的电阻器	Tube 6SN7	旁热式双三极电子管
Res Thermal	热敏电阻	Tube 12AU7	旁热式双三极电子管
Res Varistor	压敏电阻	Tube 12AX7	高放大系列双三级电子管
RPot	电位器	Tube 5879	锐止五极管
RPot SM	微调电位器	Tube 7199	中 μ 三极管和锐止五极管
SCR	可控硅	Tube Triode	电子管
Speaker	扬声器	UJT-N	单结晶体管 N 型
SW DPDT	开关	UJT-P	单结晶体管 P 型
SW-6WAY	6 路开关	Volt Reg	三端稳压器
SW-12WAY	12 路开关	XTAL	晶体振荡器
SW-DIP4	变光开关	BNC	同轴电缆弯头连接器
SW-DIP8	4009 系列变光开关	COAX-F	同轴射频 PCB 连接器
SW DIP-2	2 位拨码开关	COAX-M	射频同轴连接器
SW DIP-3	3 位拨码开关	CON EISAE	EISA 连接器
SW DIP-4	4 位拨码开关	Connector	插座头组件
SW DIP-5	5 位拨码开关	D Connector	插座总成，直角
SW DIP-6	6 位拨码开关	Edge Con	边缘连接器
SW DIP-7	7 位拨码开关	Header	头
SW DIP-8	8 位拨码开关	MHDR	插槽
SW DIP-9	9 位拨码开关	Phonejack	耳塞
SW-DPDT	双极双掷开关	Plug	插头
SW-DPST	双极单掷开关	Plug AC	电源插座母座
SW-PB	按键	Plug AC Male	电源插头公座
SW-SPDT	SPDT 微型拨动开关，直角安装，垂直驱动	PS2-6PIN	6 针通孔 PS2 插座
		PWR2.5	低电压电源连接器
SW-SPST	单刀单掷开关	SMB	SMB 直连接器
Trans	变压器	Socket	插座
Trans Adj	调压变压器	Trans3	三绕组变压器
Trans BB	降压升压变压器（理想）	Trans3 Ideal	三绕组变压器（理想）
Trans CT	中心抽头变压器	Trans4	四绕组变压器
Trans CT Ideal	中心抽头变压器（理想）	Trans4 Ideal	四绕组变压器（理想）
Trans Cupl	变压器（耦合电感模型）	Tranzorb	瞬态电压抑制（电视）二极管
Trans Eq	变压器（等效电路模型）	Triac	硅双向晶闸管

附录 E

常用插件的电气图形符号表达形式和封装形式

常用插件的电气图形符号表达形式和封装形式如表 E.1 所示。

表E.1　常用插件的电气图形符号表达形式和封装形式

序　　号	插 件 类 型	常用注释名称	常用封装类型	备　　注
1	标准电阻	Res1、Res2	AXIAL-0.3 到 AXIAL-1.0	选用插装元件时
2	两端口可变电阻	Res3、Res4	AXIAL-0.3 到 AXIAL-1.0	选用插装元件时
3	三端口可变电阻	RPot	VR1-VR5	
4	无极性电容	Cap	无极性电容为 RAD0.1 到 RAD0.4，有极性电容为 RB0.2/0.4 到 RB0.5/1.0	选用插装元件时
5	极性电容	Cap Pol		
6	可变电容	Cap Pol		
7	普通二极管	Diode	DIODE0.4 和 DIODE 0.7	自制 PCB 封装时，最好将 DIODE 封装的端口改为 A 和 K
8	肖特基二极管	D Schottky		
9	隧道二极管	D Tunnel		
10	变容二极管	D Varactor		
11	稳压二极管	D Zener		
12	NPN 型三极管	NPN	一般三极管插件采用 TO-126，9013、9014、TO18、TO92A、TO220H 和 TO3。TO18 和 TO92A 为普通三极管，TO220H 为大功率三极管，TO3 为大功率达林顿管	TO18、TO92A、TO220H、TO3 为三角形结构
13	PNP 型三极管	PNP		
14	N 沟道结型场效应管	JFET-N	同三极管	同三极管
15	P 沟道结型场效应管	JFET-P		

续表

序　号	插件类型	常用注释名称	常用封装类型	备　注
16	N 沟道结型场效应晶体管/N 沟道增强型效应管	MESFET-N	同三极管	同三极管
17	P 沟道结型场效应晶体管/P 沟道增强型效应管	MESFET-P	同三极管	同三极管
18	普通电感	Inductor，Inductor Iron，Inductor Isolated	同电阻、电容	
19	可变电感	IInductor Adj，Inductor Iron Adj	同电阻、电容	
20	整流桥	Bridge1	引脚封装形式为 D 系列，如 D-44、D-37、D-46	
21	单排多针插座	名称为 CON 系列	引脚封装形式为 SIP 系列	
22	双列直插元件	名称为 DIP 系列	引脚封装形式 DIP 系列	
23	串并口类插座	名称为 DB 系列	引脚封装形式为 DB 和 MD 系列	
24	晶体振荡器	XTAL	R38 封装	
25	发光二极管	LED	采用电容封装，如 RAD0.1-0.4	

附录F

Altium Designer 15 中的常见编译错误

Ⅰ. Error Reporting 错误报告

A：Violations associated with buses 有关总线电气错误的各类型。

- Bus indices out of range 总线分支索引超出范围。
- Bus range syntax errors 总线范围的语法错误。
- Illegal bus range values 非法的总线范围值。
- Illegal bus definitions 定义的总线非法。
- Mismatched bus label ordering 总线分支网络标号错误排序。
- Mismatched bus/wire object on wire/bus 总线/导线错误的连接导线/总线。
- Mismatched bus widths 总线宽度错误。
- Mismatched bus section index ordering 总线范围值表达错误。
- Mismatched electrical types on bus 总线上错误的电气类型。
- Mismatched generics on bus（first index）总线范围值的首位错误。
- Mismatched generics on bus（second index）总线范围值末位错误。
- Mixed generics and numeric bus labeling 总线命名规则错误。

B：Violations associated components 有关元件符号电气错误。

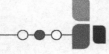

- Component implementations with duplicate pins usage 元件引脚在电路原理图中重复被使用。
- Component implementations with invalid pin mappings 元件引脚标识和 PCB 封装焊盘中的标识不符。
- Component implementations with missing pins in sequence 元件引脚的序号丢失。
- Component containing duplicate sub-parts 元件中出现了重复的子部分。
- Component with duplicate implementations 元件被重复使用。
- Component with duplicate pins 元件中有重复的引脚。
- Duplicate component models 一个元件被定义多种重复模型。
- Duplicate part designators 元件中出现标号重复的部分。
- Errors in component model parameters 元件模型中出现错误的的参数。
- Extra pin found in component display mode 多余的引脚在元件上显示。
- Mismatched hidden pin component 元件隐藏引脚的连接不匹配。
- Mismatched pin visibility 引脚的可视性不匹配。
- Missing component model parameters 元件模型参数丢失。
- Missing component models 元件模型丢失。
- Missing component models in model files 元件模型不能在模型文件中找到。
- Missing pin found in component display mode 不见的引脚在元件上显示。
- Models found in different model locations 元件模型在未知的路径中找到。
- Sheet symbol with duplicate entries 方框电路图中出现重复的端口。
- Un-designated parts requiring annotation 未标记的部分需要自动标号。
- Unused sub-part in component 元件中某个部分未使用。

C：Violations associated with document 相关的文档电气错误。

- Conflicting constraints 约束不一致。
- Duplicate sheet symbol name 层次电路原理图中使用了重复的方框电路图。
- Duplicate sheet numbers 重复的电路原理图图纸序号。
- Missing child sheet for sheet symbol 方框图没有对应的子电路图。
- Missing configuration target 缺少配置对象。
- Missing sub-project sheet for component 元件丢失子项目。

- Multiple configuration targets 无效的配置对象。
- Multiple top-level document 无效的顶层文件。
- Port not linked to parent sheet symbol 子电路原理图中的端口没有对应到总电路原理图上的端口。
- Sheet enter not linked to child sheet 方框电路图上的端口在对应子电路原理图中没有对应端口。

D：Violations associated with nets 有关网络电气错误。

- Adding hidden net to sheet 电路原理图中出现隐藏网络。
- Adding items from hidden net to net 在隐藏网络中添加对象到已有网络中。
- Auto-assigned ports to device pins 自动分配端口到设备引脚。
- Duplicate nets 电路原理图中出现重名的网络。
- Floating net labels 电路原理图中有悬空的网络标签。
- Global power-objects scope changes 全局的电源符号错误。
- Net parameters with no name 网络属性中缺少名称。
- Net parameters with no value 网络属性中缺少赋值。
- Nets containing floating input pins 网络包括悬空的输入引脚。
- Nets with multiple names 同一个网络被附加多个网络名。
- Nets with no driving source 网络中没有驱动。
- Nets with only one pin 网络只连接一个引脚。
- Nets with possible connection problems 网络可能有连接上的错误。
- Signals with multiple drivers 重复的驱动信号。
- Sheets containing duplicate ports 电路原理图中包含重复的端口。
- Signals with load 信号无负载。
- Signals with drivers 信号无驱动。
- Unconnected objects in net 网络中的元件出现未连接对象。
- Unconnected wires 电路原理图中有没连接的导线。

E：Violations associated with others 有关电路原理图的各种类型的错误。

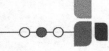

- No Error 无错误。
- Object not completely within sheet boundaries 电路原理图中的对象超出了图纸边框 Off-grid object 电路原理图中的对象不在格点位置。

F：Violations associated with parameters 有关参数错误的各种类型。

- Same parameter containing different types 相同的参数出现在不同的模型中。
- Same parameter containing different values 相同的参数出现了不同的取值。

Ⅱ. Comparator 规则比较

A：Differences associated with components 电路原理图和 PCB 上有关的不同。

- Changed channel class name 通道类名称变化。
- Changed component class name 元件类名称变化。
- Changed net class name 网络类名称变化。
- Changed room definitions 区域定义的变化。
- Changed Rule 设计规则的变化。
- Channel classes with extra members 通道类出现了多余的成员。
- Component classes with extra members 元件类出现了多余的成员。
- Difference component 元件出现不同的描述。
- Different designators 元件标示的改变。
- Different library references 出现不同的元件参考库。
- Different types 出现不同的标准。
- Different footprints 元件封装的改变。
- Extra channel classes 多余的通道类。
- Extra component classes 多余的元件类。
- Extra component 多余的元件。
- Extra room definitions 多余的区域定义。

B：Differences associated with nets 电路原理图和 PCB 上有关网络不同。

- Changed net name 网络名称出现改变。
- Extra net classes 出现多余的网络类。
- Extra nets 出现多余的网络。
- Extra pins in nets 网络中出现多余的引脚。
- Extra rules 网络中出现多余的设计规则。
- Net class with Extra members 网络中出现多余的成员。

C：Differences associated with parameters 电路原理图和 PCB 上有关的参数不同。

- Changed parameter types 改变参数类型。
- Changed parameter value 改变参数的取值。
- Object with extra parameter 对象出现多余的参数。

附录 G

常用 SMD 中文、英文名称及外形

常用 SMD 中文、英文名称及外形如表 G.1 所示。

表G.1　常用SMD中文、英文名称及外形

SMD 类型	SMD 名称		SMD 外形
	中 文 名 称	英 文 名 称	
半导体分立器件	小外形二极管	SOD（Small Outline Diode）	
	小外形晶体管	SOT（Small Outline Transistor）	
IC 器件	小外形封装器件	SOP（Small Outline Package）	
	小外形 J 形引脚封装	SOJ（Small Outline J-Lead Package）	

续表

SMD类型	SMD名称		SMD外形
	中 文 名 称	英 文 名 称	
IC器件	塑封有引脚芯片载体	PLCC（Plastic Leaded Chip Carrier）	
	无引脚陶瓷芯片载体	LCCC（Leadless Ceramic Chip Carrier）	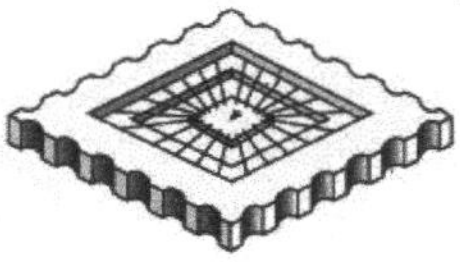
	方形扁平封装	QFP（Quad Flat Package）	
	球栅阵列封装器件	BGA（Ball Grid Array）	
	芯片尺寸级封装	CSP（Chip Scale Package）	
	塑封方形扁平无引脚封装	PQFN（Plastic Quad Flat No Lead）	

反侵权盗版声明

反侵权盗版声明

举报电话：（010）88254396；（010）88258888

传　　真：（010）88254397

E-mail：dbqq@phei.com.cn

通信地址：北京市万寿路173信箱

　　　　　电子工业出版社总编办公室

邮　　编：100036